★★★

ウォーキングキャットフィッシュの

カツ丼 → p189

身の色がオレンジ色の個体も

★★★

ウォーキングキャットフィッシュの

ミャンマー風カレー

→ p193

★★☆

カスクードのペイシャーダ

（マダラロリカリア汁）→ p115

★★☆

マダラロリカリアの丸焼き

→ p117

カミツキガメ鍋の雑炊

→ p96

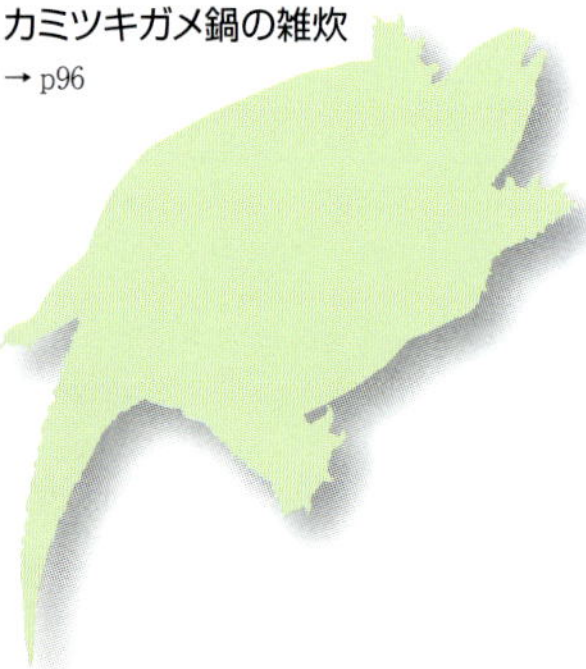

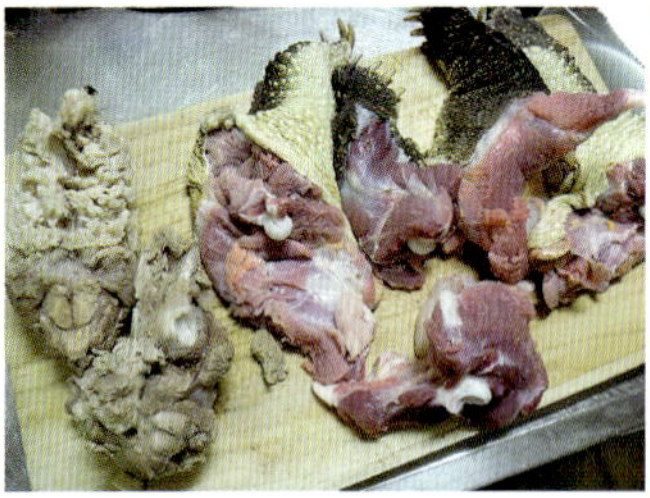

解体されたカミツキガメ

カミツキガメの唐揚げ

→ p95

アリゲーターガーの丸焼き

→ p148

★★★
鱔魚麺=シャンユーメン
（タウナギの餡かけ麺）
→ p44

☆☆☆
タウナギの蒲焼き → p42

身の色は赤黒く、魚肉には見えない

★★☆
アリゲーターガーの丸焼き
サルサ&ニンニクマヨネーズ添え→ p150

★☆☆
アフリカマイマイのエスカルゴ風
→ p171

☆☆☆
カワヒバリガイのパエリア
→ p158

★★☆
ブルーギルの煮付け
→ p16

★★★ とてもおいしい
★★☆ おいしい
★☆☆ まあそれなりに
☆☆☆ 他の料理方法を試すべし

★★★
カムルチーのムニエル
→ p55

外来魚のレシピ

捕って、さばいて、食ってみた

平坂 寛

地人書館

目次

本書は人気ウェブサイト「デイリーポータル Z」（http://portal.nifty.com/）の連載記事に加筆修正を行い、書き下ろし 2 本を加えて再編集したものです。

＜初出一覧＞

オオクチバス

初出：嫌われ者の魚が美味しい（2011 年 6 月 19 日）

ブルーギル

初出：嫌われ者の魚が美味しい（2011 年 6 月 19 日）

チャネルキャットフィッシュ（アメリカナマズ）

初出：嫌われ者の魚が美味しい（2011 年 6 月 19 日）

タウナギ

初出：ウナギが無ければタウナギを食べればいいじゃない（2013 年 8 月 20 日）

カムルチー（ライギョ）

初出：沼の妖怪「カムルチー」をつかみ捕れ!（2012 年 11 月 20 日）

ハクレン

初出：マッシュポテト好きのエイリアン「ハクレン」（2012 年 6 月 2 日）

ソウギョ

初出：葉っぱで釣れる東京の巨大魚「ソウギョ」（2013 年 9 月 17 日）

カミツキガメ

初出：カミツキガメを捕まえて食べた（2012 年 6 月 19 日）

マダラロリカリア（プレコ）

初出：鎧を着た外来魚「プレコ」を食べる（2013 年 10 月 15 日）

モザンビークティラピア（カワスズメ）

初出：アフリカから来た「泉の鯛」!?「ティラピア」を食べる（2013 年 11 月 26 日）

アリゲーターガー

初出：横浜でアリゲーターガーを釣って食べた（あとカミツキガメも）（2013 年 7 月 23 日）

カワヒバリガイ

初出：川のムール貝?「カワヒバリガイ」を食べる（2012 年 7 月 31 日）

アフリカマイマイ

書き下ろし

ウォーキングキャットフィッシュ

書き下ろし

外来魚の代名詞はうまかった

本日の食材

オオクチバス

学名

Micropterus salmoides

分類

スズキ目 サンフィッシュ科 オオクチバス属

原産地

北アメリカ

特定外来生物

オオクチバスを釣る

標準和名オオクチバス。ブラックバスと言ったほうが耳に馴染みがあるかもしれない。大正時代に持ち込まれて以来各地へ広がり、いつの間にか日本における外来魚、というか外来生物の代名詞のような存在となってしまった魚である。

同時に釣りの対象魚、いわゆるゲームフィッシュとしても多くの日本人に親しまれてきたが、釣り上げた後で食べるという話はほとんど聞かない。だが、オオクチバスはそもそも原産地である北米では食用魚としても愛されている魚だ。日本へ導入されたのも「釣っても楽しい水産資源」となることを見込まれてのことである。ならばきっとおいしいに違いない。ならばきっと食べてみなければなるまい。

オオクチバス。その名の通り大きな口。

だがしかし、食用魚として馴染みがないということは、すなわち市場に出回らないということである。よってオオクチバスの味見をするためには必然、自分で捕まえることとなる。

というわけで、僕は釣り竿を持って川へと出掛けた。

釣り場はできるだけ市街地や田畑から離れたきれいな場所を選んだ。食べ物を獲るのだから、排水が流れ込んでいるような場所は極力避けたかったのだ。

釣り竿の先には小魚を模したルアーを結んだ。活きたミミズやエビの類を使えばはるかに簡単に釣れるのだが、オオクチバスに関してはルアーを用いた釣りが飛びぬけて人気であるというのであえてのチョイスである。きっとそのほうが楽しかろうと思ったのだ。

豊かな自然に目を休ませながら魚の潜んでい

小さい!けど逃がすわけにはいかない。キミは塩焼きか丸揚げだな……。

これは食べ応えがありそうだ。

ガツン!と大きなアタリ。

ルアーを丸呑みできそうなほど大きな口。

そうな場所へルアーを投げること数十分、突然竿先が押さえ込まれ、水中で魚の暴れる感覚が伝わってきた。

まもなく水面に浮いた魚は紛れもなくオオクチバスだった。しかし残念ながら小さい。ルアーと大差ないサイズである。よく食いついてくれたものだ。釣れてくれたのはありがたいのだが、逃がしてやりたくなってしまうような、かわいらしすぎるサイズだ。しかし相手は外来魚、容赦はしない。ここは心を鬼にして接しよう。

だが、この一匹でなんとなくだがコツはつかめた。さらに竿を振ること小一時間、竿先に先ほどよりも明らかに大きな重みが乗る。大慌てで引き寄せると、釣糸の先にはばっくりと口を開けた良型のオオクチバスが。なるほど、オオクチなんて名前を付けられるわけだ。子どもの握りこぶしくらいなら丸々咥え込めるのではないか。

大物を手にして一気にテンションが上がる。数十秒前まで深刻そうな顔で外来種問題を憂いていた男だとは思えない。もはやただの釣り

バカだ。あまりの二面性に自分が信用ならなくなってくる。その後も数時間にわたって川面へルアーを投げ続けた。

オオクチバスを調理する

数匹もあれば試食には十分だろう。獲物を自宅へ持ち帰り、まずは簡単に下ごしらえを済ませる。

頭と鱗、内臓を取り去って三枚におろしていく。と、ひときわ大きな個体の腹を割いた際に、異様に胃袋が膨らんでいることに気づいた。

好奇心から切り開いてみると、なんと立派なアメリカザリガニが一匹まるまる詰まっていた。これにはさすがに驚いた。よくもまあこんないかつくて食べにくそうな動物を丸呑みにしたものだ。なるほど、これなら日本の在来生物がことごとく食い尽くされるという話もわからないでもない。アメリカザリガニは外来種だが。

しかしこのオオクチバス、食材として見る

大きなほうは三枚におろす。

ちょっと失敗したけど気にしない。

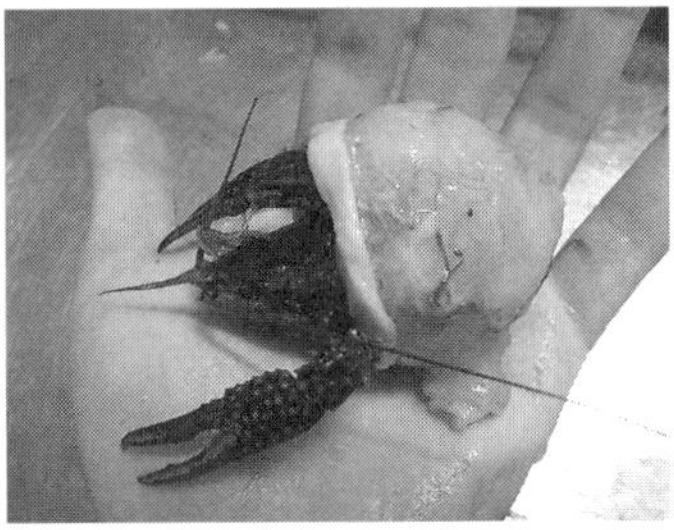

胃袋からザリガニがコンニチハ。

とシルエットはスズキやハタ類などの海産魚に通じるものがあり、なかなかおいしそうだ。試食にあたっては、まずはそういった一般的な海産魚と同様の調理法を試してみることにした。

まずは「素材の味」を確認すべく、プレーンな塩焼きでいただいてみる。

……これはなかなか美味い！　臭みもほとんどないし、何より味がいい。見た目だけでなく味も海の魚に近いのだ。柔らかくきれいな白身でスズキに似た淡白な味わいである。これは他の料理への応用も期待できそうだ。

続いて煮つけとフライを作ってみた。この二品も魚料理の定番であるが、少々クセのある淡水魚でも、これらの調理法ならば食べやすくなる場合が多い。素直な味わいのブラックバスならばおいしくならないはずがない。

事実、どちらも文句なしにおいしかった。特

オオクチバスの塩焼き。頭がちょっと焦げた。

にフライの口当たりがやわらかで良い。ご飯のおかずにもビールのつまみにもぴったりであろう。お店で出してもいいくらいではないだろうか。

料理音痴の僕が作ってもこれだけおいしいのだ。これは素材の味が良いことの証だろう。よし、やる気が出てきた。他のメニューにも挑戦してみよう。

せっかくだからちょっとだけ手の込んだ料理にも挑んでみようと思い、姿揚げの甘酢あんかけを作った。これはコイを使ってよく作られる中華料理のアレンジだ。川魚であるコイをおいしく食べるための定番料理なのだから、きっとバスにも合うだろうと考えたのだ。また、オオクチバスは見た目が立派なので、この料理にぴったりであろう。

いざ作ってみると、案の定迫力のある仕上が

オオクチバスの煮つけ。

りとなった。それどころか揚げている最中にバスの顎が外れて大口を開けたので、むしろ迫力が出すぎてしまった。大昔の海にいた魚「ダンクレオステウス」みたいだ。

さて、見た目は合格だが肝心の味はどうか。あまり自分で作った料理を絶賛したくもないのだが、実においしい。大してお金もかけていないのに高級感のある味わい。ちょっとした御馳走だ。これは大成功！

やっぱりおいしいよ、オオクチバス！　この味を知ったらキャッチアンドリリースなんてもったいない！　と思うようになるかもしれない。

オオクチバス料理の注意点

オオクチバスはクセがなく、とてもおいしい魚であることが分かった。今回試した四品以外

オオクチバスのフライ。

にも、様々な料理に活用できるだろう。入手も手軽であるし、興味のある方にはぜひ試していただきたいものだ。

ただし注意してほしい点もある。オオクチバスは『特定外来生物による生態系等に係る被害の防止に関する法律』（外来生物法）の定めるところの特定外来生物（簡単に言うと国内に広がるとマズい外国の生き物）に指定されており、生かしたままの輸送や飼育が禁じられているのだ。よって残念ながら、いわゆる泥抜き（川魚を数日間清浄な水の中で畜養して臭みを軽減すること）ができないのである。

今回食べた個体は幸いにして特に気にならなかったが、生息する場所によっては臭みが強い場合もあるという。おいしく食べるためには捕獲する場所を選ぶ必要があるのかもしれない。

それから、寄生虫等の危険があるので、刺身

ゴージャス!!　オオクチバスの姿揚げ甘酢あんかけ。

など生食は絶対に控えるべきである。実を言うと僕も挑戦したかったのだけど。

う、うまい!!

日本各地で大繁栄

本日の食材

ブルーギル

学名

Lepomis macrochirus

分類

スズキ目 サンフィッシュ科 ブルーギル属

原産地

北アメリカ

特定外来生物

ブラックバス（オオクチバスおよびコクチバス）についで名の知れた外来種といえば、ブルーギルだろう。

ブラックバスと同じ北米原産のサンフィッシュ科に属す魚であり、止水域を好む点や旺盛な繁殖力など共通点も多い。

全国に幅広く生息

もともとは食用目的で導入された魚だが、水産資源としての地位は確立できなかった。それでもゲームフィッシュとして人気を博したブラックバスの「餌」として彼らと同時に放流され、各地に広がってしまったと言われている。

なかなかに悲惨な背景であるが、今となってはなんとブラックバスよりも繁栄してしまっていたりする。どこにでも棲める、何でも食べる、すぐに増えると、あらゆる面でタフな魚なので

捕獲方法は釣り。ミミズやパンくずなどの餌を使ったほうが楽だが、疑似餌でもOK。

ある。

　そんなわけで、日本全国の河川や湖沼で簡単に見つけることができてしまう。おそらく、日本に棲む淡水魚の中で最も観察と捕獲が容易な種の一つだろう。

　ところでこのブルーギル。食用目的で持ち込まれたというからには、それなりにおいしい魚なのだろう。しかし、全くと言っていいほど食卓にも市場にも並んでいないのが現状である。これはなぜなのか。食べてみれば答えが見えてくるかもしれない。

　というわけで、早速この手で釣りに行こうではないか。

　ブルーギルはどこにでもたくさんいるうえに神経が図太いので、適当な仕掛けで簡単に釣れてしまう。動物質の餌でも植物質の餌でも、ルアーでも毛針でも釣れる。あまりにためらいな

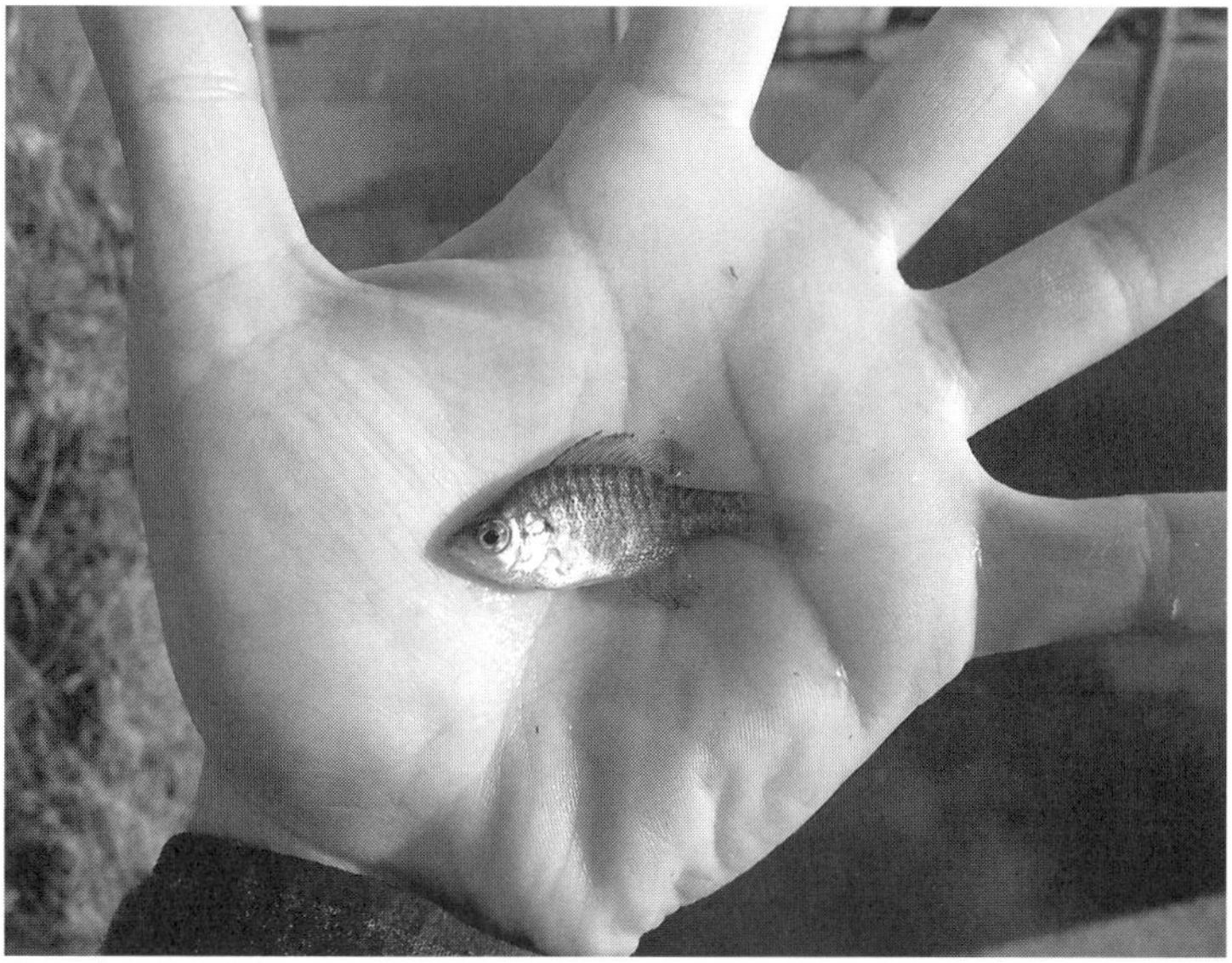

小さな頃は薄い紫色に輝き、観賞魚にも負けない可憐さ。でも飼っちゃダメ。

く何にでも食いつくので、試しに何も付けていない釣り針だけを放り込んでみたところ、やはりそれでも釣れてしまった。笑ってしまうほど、いや泣けてくるほど貪欲だ。

水辺に立って一〇分そこそこで五匹も釣ることができた。竿を振り続ければまだまだ釣れそうだが、これ以上は食べきれない。あくまで試食が目的なので、今日はこの辺りで切り上げよう。だが、もしおいしかったらこれから先、非常時にも、おかずには困らなくなるなと思った。

悪くはない。悪くはないが…

さて、早速持ち帰って調理と試食に移るが、このブルーギルという魚は小鯛のように扱いやすい形と大きさなので下ごしらえがとても楽である。これで味が良ければ食材としては最高なのだが、果たしてどうだろうか。

次々に釣れるので退屈しない。と思いきや簡単すぎてかえって飽きる。

とりあえずは素材の味がよくわかる塩焼きにしてみることにした。これで味の特徴を読み取ってから別の料理に挑戦していこう。

台所に期待を煽る香ばしい香りが漂い、焼き上がりを知らせる。もともとシルエットはきれいな魚なので、塩焼きにしても見た目はそれなりのものになってくれた。相当ひいき目に見れば、小鯛の塩焼きに見えなくもない。では、肝心の味はどうだろうか。満を持して口へ運ぶと…！

うーん……。可もなく不可もなくといったところか。基本的にはごく普通の白身魚といった印象を受けるが、ほんのちょっとだけ川魚特有の臭いが感じられる。決して悪くはないが、海の魚を食べ慣れている日本人のお眼鏡にはかなわないかもしれない。この中途半端さが食用魚として定着しなかった理由だろうか。

ブルーギルの塩焼き。

塩焼きでも食べられないことはなかったが、ここはやはり「おいしい！」と自信を持って他人に勧められるメニューを提示したい。そのためにはは臭い消しの対策を講じなければならないだろう。

というわけで、ショウガをたっぷり使って煮つけにしてみた。これはなかなかいける。魚体そのものが小さく、身が少ない点、そして少々あっさりしすぎているところが残念だが、及第点には達しているだろう。

やはり臭いさえ抑えれば、まあまあの味にはなるのだ。淡白な白身に合って、かつ臭いをごまかせる料理となるとフライも有力候補だろう。我が家には「たいていのものは油で揚げてしまえば食える」という教えがある。僕自身も実際その通りだと思う。思惑通り、ブルーギルもしっかり揚げてしまうと臭いが消えた。油の

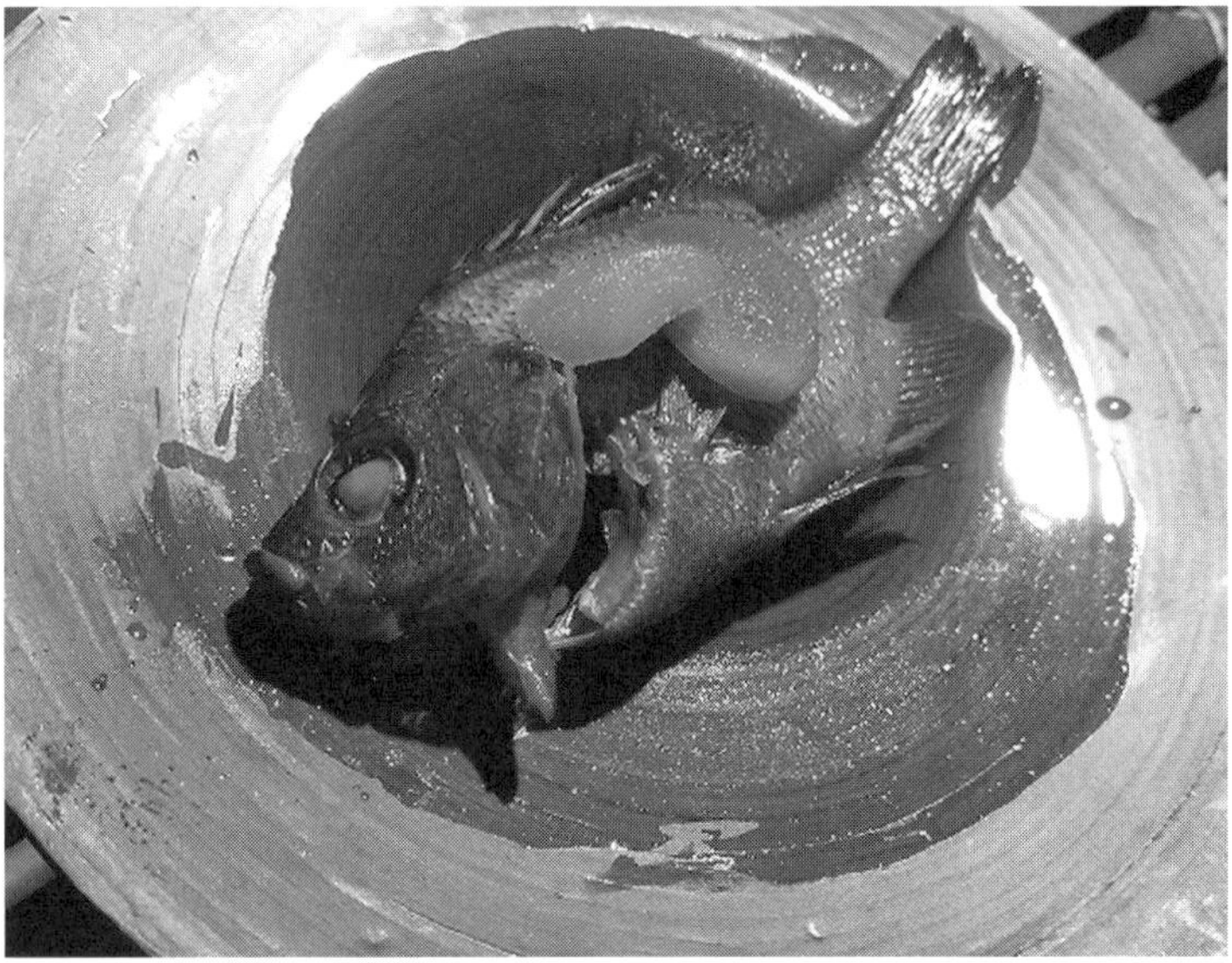

ブルーギルの煮つけ。一見、小鯛のお煮付け風。

力はやはり偉大だ。ブルーギルのフライは普通においしく、十分おかずになる出来だった。ここで「普通」とついてしまうのが悔しいが、料理人の腕とアイディア次第でいくらでもおいしくなる可能性はある。と、思う。

非常時にはお世話になるかも

今回は釣れたのが小型のものばかりで、少々食べごたえがなかったのが残念であった。二〇センチ以上の大物であれば、もう少し満足感が得られたかもしれないのだが……。

試食してみて抜群においしければ、即日追加で釣りに行くつもりだったのだが、結局この日以来長らくブルーギルは口にしていない。まあ、今後何かあって生活が苦しくなったら彼らに助けてもらおうかと思う。

ギルフライ。尾びれがキュート。揚げてしまえば、臭いは気にならなくなった。

……普通。

皮は剥ぐべし、揚げるべし

本日の食材

チャネルキャットフィッシュ

（アメリカナマズ）

学名

Ictalurus punctatus

分類

ナマズ目 アメリカナマズ科 アメリカナマズ属

原産地

北アメリカ

特定外来生物

漁師泣かせの外来魚

近年、関東の淡水域ではオオクチバスとブルーギルに加えて、とある新顔の外来魚が増えて在来の生物を食い荒らしている。そのためワカサギなどの在来魚の水揚げが減少し、そうした魚を獲って生計を立てている漁師の生活が脅かされているのだそうだ。

しかも、その魚はかの有名なオオクチバスを凌ぐ勢いで個体数を増やし、分布を広げているという。その新たな脅威の名はチャネルキャットフィッシュ、通称アメリカナマズ。

そんな厄介な存在であるチャネルキャットフィッシュだが、実は意外とおいしいらしく、原産地である北米ではフィッシュアンドチップスの材料などとして親しまれているのだという。日本へも「丈夫で養殖しやすく、おい

数年前に霞ヶ浦へ出向いた際に漁師さんから伺ったお話が印象に残った。曰く、「夏場になるとほとんど外来魚しか網に入らなくなる。」とのこと。死活問題だ。

しい魚」ということで一時期は積極的に導入されたらしい。しかし、その「丈夫で殖えやすい」という特長が祟り、養魚場から脱走した個体がいつの間にか河川や湖沼で大繁殖してしまい、今に至るというわけである。しかも、食用魚としてはメジャーになれずじまいなのだから、もうどうしようもない。

そもそも、現代の日本人は川魚なんてウナギとマス類、それからせいぜいアユくらいしか日常的には食べないではないか。そこへよりにもよって見慣れぬ外国の淡水魚を売り込もうという発想自体に疑問を覚えずにはおれない。まあ、これはチャネルキャットフィッシュ以外にも言えることなのだが。

しかし背景はどうあれ、人知れずおいしい魚がそこらに溢れているのなら、とりあえず獲って食べない手はないだろう。

チャネルキャットフィッシュは、全長 1m にも達する大型のナマズで、さながら掃除機のように水中の生物を吸い込んで食べる。今回は全長 60cm 程度の個体が最大の獲物となった。

とても簡単に釣れる

チャネルキャットフィッシュは釣りで捕獲できる。主に嗅覚を頼りに餌を探すタイプの魚なので、青魚の切り身や豚レバーなど、臭いの強いものを釣り針に刺して使う。

ちなみに、仕掛けや釣り方はかなり大雑把なものである。釣糸にオモリと針を結んだら、川の淀みに放り込んでおくだけなのだ。チャネルキャットフィッシュがいれば、一〇分と待たずに仕掛けが引っ張られる。この日も餌のサンマを投入した途端に食いついてくれた。

チャネルキャットフィッシュは日本産のナマズ（マナマズ）に比べて遊泳力がとても強く、針に掛かると激しく抵抗する。聞くところによるとそれが釣り人にはずいぶん魅力的なようで、近頃は専門に狙う人も増えているらしい。簡単に釣れてくれるところも魅力なのだろう。もしかすると味の良さから人気に火が付いたのでは…！とも思ったのだが、仕掛けを買いに立ち寄った釣具店の店員さん曰く「よっぽど奇特な人以外は基本的にキャッチアンドリリースしますね」とのこと。そっかー…。僕はよっぽど奇特な人だったかー…。

まもなく水面を割ったのは見慣れぬ姿のナマズ。体色はマナマズに似ているが、鰭の形や体型が全く異なっている。ヒゲの本数も多い。間違いなくチャネルキャットフィッシュだ。

こんな調子で短時間のうちに数匹の釣果を上げることができた。なるほど、確かに釣りのターゲットとしてはなかなかおもしろい魚だった。もうちょっと釣りたいなという気持ちをこらえて獲物をそ

白いお腹が水面に浮かぶ。

強い!　ブラックバスやブルーギルとは一味違った釣り味。

日本産のナマズ(マナマズ)。ヒゲは2対しかない。身体は細長く、各鰭が小さい。

早く食べたいなあああ!!

チャネルキャットフィッシュは、ヒゲの数も体型も、日本産のナマズとは似ているようで全く違う。

頭を落とします。

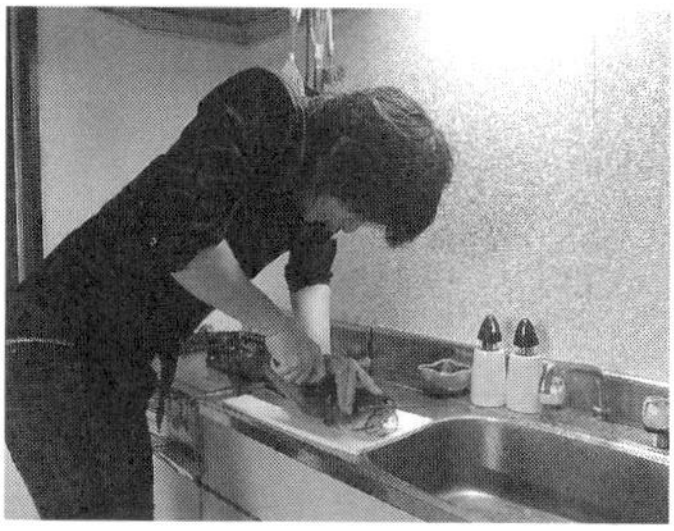

頭を落とします…

頭を落と…落ちない!

結局、力づくでへし折ることに。

の場で締め、帰路に就く。

骨が硬い!

持ち帰ったらただちに下処理を済ませる。チャネルキャットフィッシュには鱗がないので、いくらか手間が少ないはずなのだが、代わりに中骨が恐ろしく硬く、おろしにくい。特に大型個体が相手だと頭を落とそうとして、包丁の刃が欠けてしまうこともある。

また、内臓を取り去る際にも注意が必要である。これは霞ケ浦の漁師さんからの受け売りだが、うっかり内臓を傷つけて体液が身にこぼれると、ひどい臭みが移って食べられたものではなくなるというのだ。恐ろしい。

ちなみに、非常に腹の膨れた個体がいたので胃を割いてみると、中から大量のウグイとモツゴ、そしてエビ類が出てきた。やっぱり在来種食ってるなー、こいつら。

そのままでは臭みが気になる！

ところでこのチャネルキャットフィッシュという魚、我々日本人からすると見慣れぬせいもあって容姿がややグロテスクに映る。しかしその味は果たしてどんなものだろうか。オコゼやフグ、ウナギのように、外見は特異でもおいしい魚はいるが、彼もその限りなのだろうか。

さて、まずは小細工なしのプレーンな塩焼きで食材としてのポテンシャルを計ってみよう。

うむ。切り身にして焼いてしまえば外見の不細工さもどこ吹く風だ。離れた場所から薄眼を

チャネルキャットフィッシュの塩焼き。

開けて見ればウナギの白焼きに見えないこともなくはない。肉もとても綺麗な白身で見るからにおいしそうだ。まあ身が白くない川魚なんてサケやマスの類しか思いつかないけれど。美味を確信し、勇んで口へ運んでみると口の中に衝撃が走った！　いや、臭気が広がった！

臭い！　皮が臭い！　うーん、身の部分だけなら問題なかったのだが、皮を齧ったとたんに生臭さが鼻腔をむしばんだ。決して我慢できないほどではないのだが、やはりおいしくいただくには抵抗がある臭いだ。身は締まっていて歯ごたえが良く、旨みも強いので何とも惜しい。これは何らかの対策を講じなければなるまい。

先ほどの試食で臭いの原因が皮にあることは明らかになったので、思い切ってすべて剥いてしまった。さらに川魚の臭い消しによく用いる牛乳を使い、身に残った臭みも徹底的に叩きの

チャネルキャットフィッシュの煮つけ。

か。

……かぶりついた瞬間に「失敗したな」とわ

がしっかりしすぎている。味が淡白すぎる。脂の

見た目がそれっぽいだけに余計に残念だ。実は今回　　　ひょっ

とすると外来魚を手っ取り早くおいしく食べるには、　　　産地で確立さ

れている調理法に倣うべきなのかもしれない。

泥抜きは、させちゃダメ

チャネルキャットフィッシュは捕獲が簡単だった代わりに、臭い消しにずいぶん苦労してしまった。実は本来、本種は清浄な水の中で泥抜きをして臭みを根本的に消してから食べるべき魚なのである。しかし現在、この魚は外来生物法の「特定外来生物」に指定されており、生体の移動や蓄養が禁じられている。つまり、泥抜きをさせることができないのだ。残念ながらそんなわけで、日本でこの魚を捕らえて本来のおいしさを味わうことは難しい。もし試食してみる場合は、さばき方や臭い消しの方法をあれこれ工夫してポテンシャルを引き出してみてほしい。牛乳以外にも日本酒に浸したり、香草やカレー粉をまぶすのも効果があるかもしれない。

はたまた牛乳効果か。思い切りかぶりついても臭いが全く気にならなくなってしまった。ほんの一手間でガラッと印象が変わってしまうことに少し驚かされる。特にフライはお店で出せるほどの味で、自信を持って他人に勧められるなと思えた。原産地でフィッシュアンドチップスになっているというのも納得である。

蒲焼きは…やめとけ

それでは最後に、本種特有のビジュアルを生かした料理を一品作ってみようではないか。蒲焼きである。鱗のないぬらぬらした魚体がウナギに似ていることから思いついたメニューだ。安直だ。ともあれ、見た目はかなりうまそうに仕上がった。タレの焦げる匂いも香ばしい。さて、お味のほどはどうだろう。果たして本場のメニューであるフライを和の料理で上回れる

皮は臭いぞ!

ウナギの代わりになりますか？

本日の食材

タウナギ

学名

Monopterus albus

分類

タウナギ目 タウナギ科 タウナギ属

原産地

東南アジア、東アジア

GISD※記載種

※Global Invasive Species Database
（IUCNの侵略的外来種データベース）

ウナギが減っている。値段が上がっている。保護しなくては。ついに二〇一四年には、ニホンウナギがＩＵＣＮ（国際自然保護連合）の絶滅危惧種の指定をされてしまった。今後はますます手を出しにくい食品になっていくだろう。そんなわけで、世間はアナゴやサンマなどウナギの代用魚探しに躍起である。そこで、僕からも一つの候補を提案したい。「タウナギ」なんかどうだろうか？

タウナギとは

漢字で書くと田鰻。文字通り川をさかのぼって田んぼに入り込んだウナギのこと…ではない。一応魚類ではあるのだがウナギ類とはとても縁の遠い種類で、日本本土に生息するのは中国大陸から食用等の目的で持ち込まれたものだと言われている。つまり食材として定着こそし

タウナギ確保！　意外と簡単に捕まる。

なかったが、確実に食べられはするわけだ。ちなみに琉球列島にも非常によく似た外見のタウナギがいるが、こちらは在来の別種だというこ とが、近年の研究で明らかになっている。

聞いた話によると、本土へはその昔、奈良に持ち込まれたのがきっかけで定着したそうだ。実際、タウナギは西日本だと奈良県をはじめとする近畿地方にやたら多い。というわけで、ろくに情報も持たないまま奈良県の某田園地帯へとやってきた。

夕方現地に着いて用水路を下見するが、タウナギの姿はない。この魚は夜行性なのでそれは当然なのだが、やはり不安なので農家の方々に聞き込みを行ってみた。すると口々に「タウナギ？　おるおる。いくらでもおる」と頼もしい言葉が。場所はここで間違いないようだ。

「あんなん捕まえてどうすんの？　飼うの？」

その名の通り田んぼやその周辺に多い。

人様の田んぼに網を入れるわけにはいかないので、その周囲の用水路を捜索する。

と聞かれたので、「いえ、食べます。」と答えると「ウエ〜〜〜!!」と予想通りの反応が。一応、「この辺りの人は食べたりしないんですか?」と質問してみるも「食わんわ、あんなもん!」と笑いながら突っ込まれた。

ちなみに稲作農家以外の方には「タウナギを探しています」と言っても通じない場合があった。しかし、「夜、水路にいるヘビみたいなやつ…」と言えば、ほぼ確実に「あー、あれね!」と返ってきた。この扱い……。魚類としてそれでいいのか?

さて、日が完全に落ちたら、こちらもタウナギも活動開始。ハンティングの始まりだ。と言っても、特に罠を仕掛けたりといったことはせず、ライトで水路を照らしながら歩くだけという地味な作業である。

夜の用水路は賑やかで、ザリガニや小魚に始

ヒレがなく、たたずまいはウナギというよりヘビ。

まり、カメやカエルなどが次々飛び出してくる。しかし今夜はそんな生き物にかまっている暇はない。タウナギだ。タウナギはどこだ。

探し始めて二〇分ほど経っただろうか。浅い用水路の底に黄色っぽくて細長いモノが沈んでいるのを見つけた。

なあ、これだろう。おまえだろう。そうだろう。間違いなくタウナギである。意外にあっさり見つかった。

黒っぽいウナギと違って色が明るいので意外と目立つ。しかも浅い場所にいるからなおさらだ。それにライトで照らしても写真を撮ってもあまり動じない。獲物を待ち伏せしているのだろうが、この肝の据わりっぷりは何なのだ。ならば遠慮なく捕まえさせてもらおう。しかし、いざ水中に網を入れると慌てて逃げ場を探し始めた。

タウナギの顔。エラの穴も普通の魚と形が違い、目立たない。

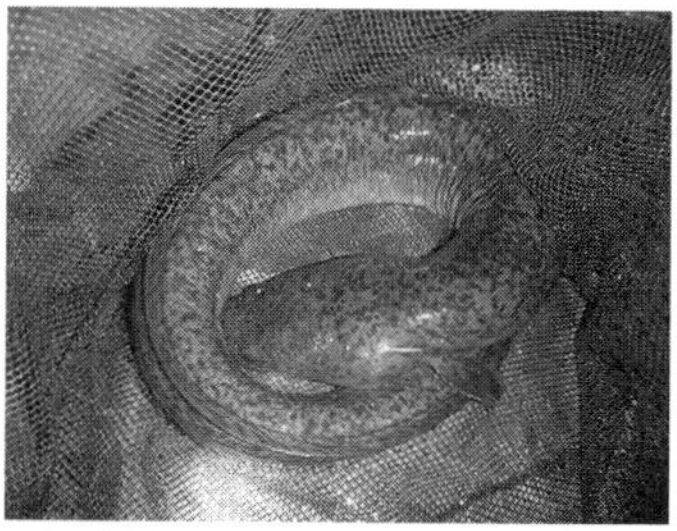

これは沖縄のオオウナギ。色は似てるけどちゃんとヒレもある。

小指より細い…

捕ったタウナギは大きめの水筒に入れて運搬した。エラ呼吸よりも空気呼吸に頼る魚なので水はほんの少しでよい。

あっ、こいつ肝が据わってるとかじゃなくて自分の危機に気付いてないだけだったのか。だがもう遅い。

網に収まった魚を観察すると、とてもおもしろい形をしていることに気付く。確かに体型はウナギに似て細長いが、なんと魚類としての最大の特徴であるヒレがどこにもないのだ。いや、厳密に言えば尾の辺りに背ビレの痕跡だけがかろうじて残っているが、とても何かの役に立っているようには見えない。

ヒレがないだけではない。エラも顔つきもなんだか普通の魚と違う。たぶん初めて見る人はすぐには魚だと判断できないんじゃないだろうか。それこそヘビか何かだと思ってしまうだろう。

皮膚の色も、黄土色の地肌に黒いまだらで、ウナギのそれとは程遠いものである。むしろ南方系の種類であるオオウナギに通じるものがある。確かに他の魚類に例えるならウナギに近い。だが、見れば見るほど実はそんなにウナギに似ているわけではないことに気付く。

では肝心の味はどうか！　早速蒲焼きにして確かめてみたいが、一つ問題がある。

マイ・ファースト・タウナギは蒲焼きには小さすぎたのだ。本来タウナギはウナギに負けず劣らず大きく育つ魚だというし、もっと大きなものも捕まえなくては。

しかしそんなに次々見つかるものだろうか。

奈良の田んぼはタウナギ天国！

いいや、次々見つかるものである。明るいうちはどこにいたのか、あちこちの用水路にタウナギの黄色い影が浮かび上がる。

ただし、やみくもに用水路を照らして回れば良いというものでもないようだ。

注目すべきは水深で、タウナギは深さ五～二〇センチくらいと浅く水の張った流れの緩い

これで平均的なサイズ。胴周りは親指より一回り太い。

水路に多かった。タウナギは魚のくせにエラ呼吸だけでなく、水面に鼻先を出して空気を直接吸い込む呼吸もする。いや、定期的にそれをしないと窒息してしまうのだ。魚のくせに。浅い場所を好むのは、餌を待ち伏せしながらその場で呼吸を済ませることができるためなのかもしれない。

また、捕まえていて気付いたのだが、タウナギは泳ぎがかなり下手くそである。捕まえ損ねて泳いで逃げられても小走りで追いつけてしまうほどだ。その代わり、小さな穴や狭い隙間に潜り込む能力に関してはヘビもウナギも顔負けするほど長けている。そのためにヒレと泳ぎを捨てる進化を果たしたのだろう。流れの強い場所にいなかったのはこのせいかもしれない。

姿を見つけてしまえばあとは簡単だ。網を構えて追い込むか、砂利ごとすくい取ってやればいい。失敗しても、岩の隙間などに潜られる前に急いで回り込めばＯＫ。こんなに簡単な魚捕りもそうない。ただし、隠れ家から首だけ出している状態のものは網だと難しい。餌でおびき出して釣ることもできるが、さっさとあきらめて次のターゲットを見つけたほうが効率的だ。

釣ってやる！　餌は俺の指だ！

それにしてもこのタウナギ、いくらでも獲れる。一人で味見するには十分すぎる量があっという間に集まる。なんてちょろい魚だ……。と、ここで妙な欲が出てきた。もっとおもしろい方法で捕まえたい。

そこである仕掛けを考えた。自分の指そのものを餌にしてタウナギを釣るのだ。

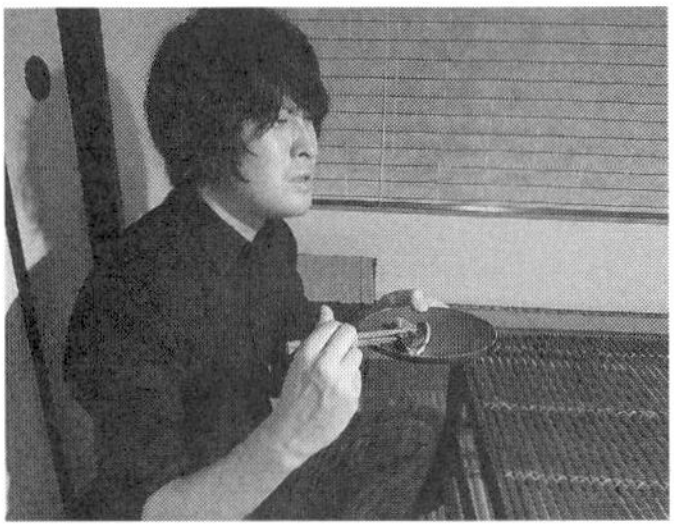

皮は臭いぞ!

か。

……かぶりついた瞬間に「失敗したな」とわかってしまった。パッとしない。蒲焼きにするには身がしっかりしすぎている。味が淡白すぎる。脂の乗りが足りない。

見た目がそれっぽいだけに余計に残念だ。実は今回一番期待していたメニューだったのだが。ひょっとすると外来魚を手っ取り早くおいしく食べるには、日本の料理に無理に合わせず、原産地で確立されている調理法に倣うべきなのかもしれない。

泥抜きは、させちゃダメ

チャネルキャットフィッシュは捕獲が簡単だった代わりに、臭い消しにずいぶん苦労してしまった。実は本来、本種は清浄な水の中で泥抜きをして臭みを根本的に消してから食べるべき魚なのである。

しかし現在、この魚は外来生物法の「特定外来生物」に指定されており、生体の移動や蓄養が禁じられている。つまり、泥抜きをさせることができないのだ。残念ながらそんなわけで、日本でこの魚を捕らえて本来のおいしさを味わうことは難しい。もし試食してみる場合は、さばき方や臭い消しの方法をあれこれ工夫してポテンシャルを引き出してみてほしい。牛乳以外にも日本酒に浸したり、香草やカレー粉をまぶすのも効果があるかもしれない。

はたまた牛乳効果か。思い切りかぶりついても臭いが全く気にならなくなってしまった。ほんの一手間でガラッと印象が変わってしまうことに少し驚かされる。特にフライはお店で出せるほどの味で、自信を持って他人に勧められるなと思えた。原産地でフィッシュアンドチップスになっているというのも納得である。

蒲焼きは…やめとけ

それでは最後に、本種特有のビジュアルを生かした料理を一品作ってみようではないか。

蒲焼きである。鱗のないぬらぬらした魚体がウナギに似ていることから思いついたメニューだ。安直だ。ともあれ、見た目はかなりうまそうに仕上がった。タレの焦げる匂いも香ばしい。さて、お味のほどはどうだろう。果たして本場のメニューであるフライを和の料理で上回れる

ウナギじゃなくてチャネルキャットフィッシュの蒲焼き。

めしたうえで次の料理に臨む。

しっかり消臭処理をしたとはいえ、やはりまだ不安が残る。というわけで、塩焼きに続く二品にはショウガを効かせた煮つけと、油で揚げていくらか臭いを飛ばせるフライを選んだ。ブルーギルのときと同じ戦法である。

恐る恐る齧ってみたところ、どちらもとても美味かった。皮を除いたのが功を奏したのか、

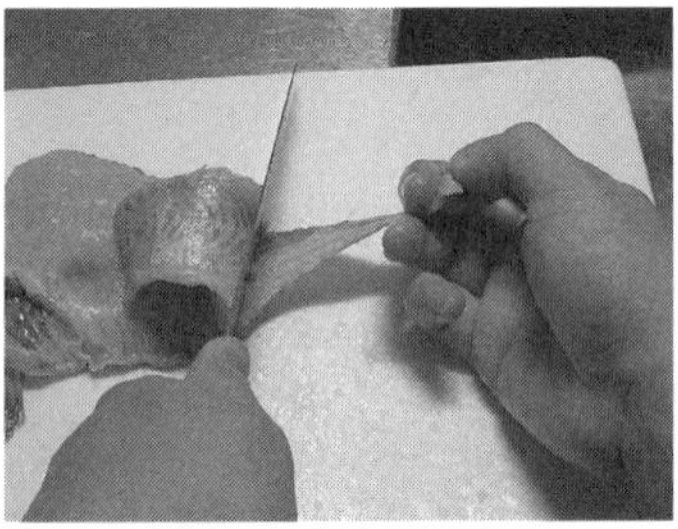
臭いの元凶である皮をひき、

念のため牛乳に浸す。

こちらは本場に倣ったチャネルキャットフィッシュのフライ。

なぜこんな馬鹿っぽいことを思いついたかと言うと、どうもタウナギは主に水の振動を頼りに餌を探しているように思えたからだ。その証拠に、近寄ってもライトで照らしても逃げ出さなかった。これは目が悪くてこちらの存在に気付けなかったのではないか。じゃあ臭いに頼っているのでは？　とも思ったが、新鮮なザリガニの死体が近くにあるのに全く気付いていないタウナギも見かけたので、そういうわけでもなさそうだ。となると餌が動き回る振動を感じ取り、襲っているに違いない。

ならば、タウナギの目の前で小動物を装って指先を動かせば食いついてくるのではないだろうかと考えたのだ。

試してみると、この推理はほぼ当たっていた。怪訝そうに指先を見た後で逃げ去る個体も多かったが、数匹のタウナギは目論見通り指

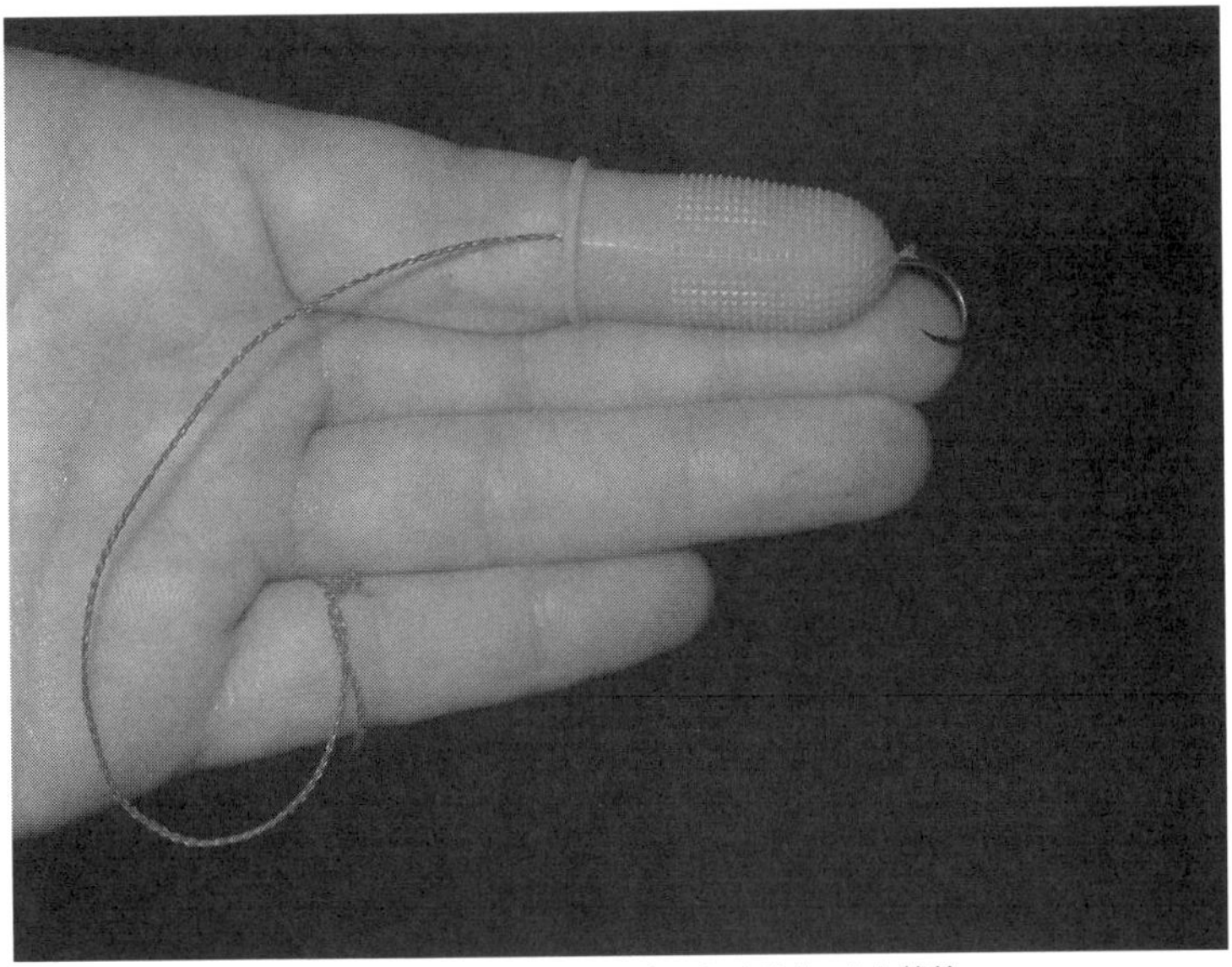

自身の指に釣り針を装着。怪我が怖かったので念のため指サックを装着。

に食いついてきた！　ちなみに噛みつく瞬間に「チュパッ！　チュパッ！」という威勢のいい音を立てるのが可愛くておもしろい。しかし思ったよりも口が小さく、なかなか針をくわえてくれないままどこかへ去ってしまう。

　だが、どうしてもこの方法で捕まえたくなってしまったので、残り時間は終電まで水路に指を突っ込み続けることにした。どんどん釣り針を小さくしていった結果、開始後約二時間、通算一三匹目のチャレンジでようやく釣り上げることができた。その決定的瞬間が下の写真だが、そのまま空中で針が外れ、マイ・メモリアル・タウナギは元いた水路へと落ちていった。

肉の色まで魚っぽくない

　何とも不完全燃焼な結果に終わったが、何はともあれ試食分は確保できたのだ。これでよし

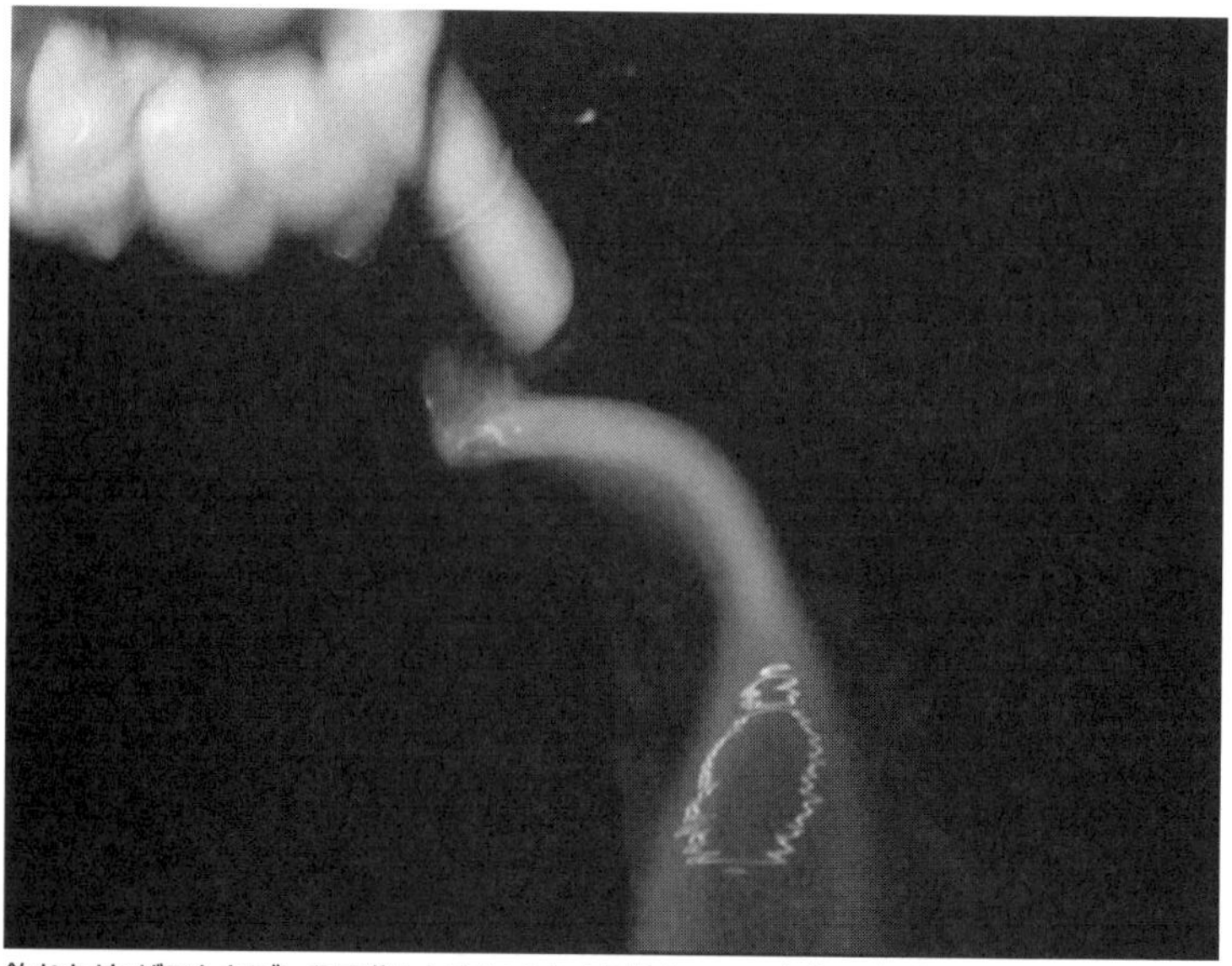

釣れた!なぜこんなブレた画像しかないのかと言うと、この直後に逃げられたからです。

ウナギやアナゴと同様に、まな板へ目打ちをしてさばいていく。

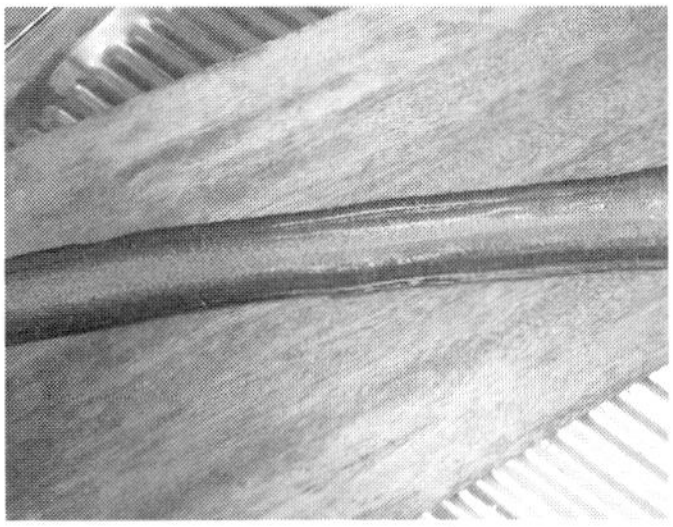

皮の面は遠目にはウナギっぽくも見える。

赤黒い。魚肉の色じゃない。

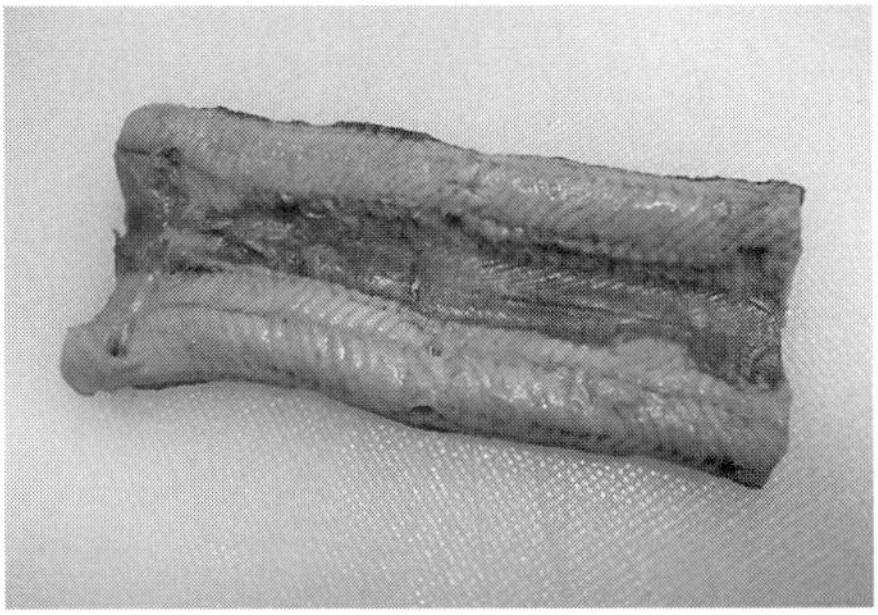

白焼きにしたところ。ウナギ or ヘビ?と問われればヘビと答えるかも。

としよう。というわけで、いよいよ自宅へ持ち帰り調理に移る。ウナギと同じ要領でさばいていくのだが、包丁を入れた瞬間に度肝を抜かれた。身肉が赤黒い……。ヒレがなかったり空気呼吸したり指で釣れたりと変わった点はたくさんあったが、一体どこまで常識外れなんだこの魚は……。

魚の身の色は白身が基本で、たまにマグロのような鮮やかな赤身の魚がある程度だ。サケ、マスの類は橙色だったりと例外もあるが、こんなにえげつない身色の魚は初めて見る。

見た目はウナギに近付いたが…

まあ食材を見た目で判断してはいけない。中華や台湾料理ではメジャーな食材だと聞くし、案外味のほうは素直においしいのかもしれない。とにかく実際に食べて確認してみなくては。

でも、タレをたっぷり塗って蒲焼きするとそれなりにウナギっぽくはなった。

まずウナギの代用になるかを検証するため、一品目には蒲焼きを作ってみた。

白焼きにすると見た目は少し落ち着いたが、それでもウナギと言い張るにはややユニークか。ヘビの肉だよと言われれば一瞬信じてしまいそう。

違和感を大量の蒲焼きのタレで塗りつぶしながら焼きあげると、見た目は意外なほどウナギに近付いた。ひょっとしてこれはイケるのでは。

さあ、かぶりついてみよう。

一口かじった瞬間、「おっ、ウナギじゃん、これ！」と「全然ウナギじゃないわ、これ…。」という感想が同時に交錯し、まもなく後者が勝ち残った。

どういうことかと言うと、香りはそこそこウナギに似ているのだ。この点では代用魚としてよく挙げられるアナゴにも勝っているかもしれ

煮アナゴを模した煮タウナギ。

ない。しかし、それを打ち消すほどに食感が違いすぎる。脂が少なく、やけに肉質が硬いのだ。ちなみに、味自体はタレが強すぎて正直言ってよくわからなかった。

アナゴのように柔らかく煮ればあるいはと思ったが、やはり硬いまま。プリッ、ギョリッという食感で魚っぽくない。調理法うんぬんでなく、こういう肉質の魚なのだろう。これはどうやら、ウナギ的もしくはアナゴ的に扱うにはいよいよ向いていないらしい。残念である。

が、せっかく捕ってきたタウナギを無駄にするわけにはいかない。せめて、残った分はきっとおいしく食べてやろうじゃないか。

本場に倣うとすごくおいしい！

ならばタウナギ料理の本場である台湾や中

刻んだタウナギをニンニク、タマネギ、ニンニクの芽と炒め、オイスターソースやらなんやらで味付けして餡を作る。できたタウナギ餡を中華麺にかけて「鱔魚麺」完成!

国の調理法を真似しようと、ネットでタウナギの中国名である「鱔魚《シャンユー》」を検索してみた。すると「鱔魚麺」なる料理がやたらたくさんヒットするではないか。よし、これを作ってみよう。

とはいえ中国語のレシピは読めないし、揃えられない食材もあったので、結局ほぼ我流になってしまった。欧米のＳＵＳＨＩ職人が作る奇抜な創作寿司のように、オリジナルとは別物になっている可能性は否めないが、当たらずも遠からずの出来にはなっただろう。ちなみに、しっかり味わえるよう、タウナギはかなり多めに投入した。現地の鱔魚好きが見たらよだれを垂らすこと請け合いである。

さあ、手前味噌ではあるが、なかなかおいしそうな鱔魚麺が仕上がった。まあ、基本的にはごく普通の台湾・中華料理なのだから、おいしくなってしかるべきなのだ。懸念材料はタウナギのみである。最終的においしくなるか不味くなるかはこいつの働き次第だ。いざ試食！

……ああ、これはおいしい。向こうの人々が好んで食べるだけのことはある。炒められたタウナギはサクサクとした歯ごたえで、豚肉と魚の中間のような食感。そこに皮のプリッ、プチッとした独特の歯ごたえが加わる。この不思議な食感がタウナギの魅力に違いない。しかもタウナギの肉は主張が強くない味なので、餡と絡むと何の肉を食べているのか全く分からない。それほどの新食感。だけどクセはなくおいしい。あっという間に平らげてしまった。

食材には適材適所というものがある

結論をまとめると、タウナギはウナギの代用には向かなかった。しかし同時に、調理法によっては大化けすることもわかった。ちなみに、聞くところによると中華や台湾料理では普通のウナギは昔からあまり使われず、タウナギのほうが重用されるそうだ。適材適所と言うやつだろう。しかし、最初にタウナギを持ち込んだ際に正しい調理法とそのおいしさを広めることができていれば、現代日本における彼らの立ち位置も変わっていたのかもしれないなと思ってしまう。

ウナギ不足解消の救世主にはならんやろうねぇ…。

「雷魚」は本当に美味いのか？

本日の食材

カムルチー

（ライギョ）

学名

Channa argus

分類

スズキ目 タイワンドジョウ科 タイワンドジョウ属

原産地

東アジア（中国、朝鮮半島）

要注意外来生物

沼やクリークに潜む「カムルチー」なる魚がおいしいと、二〇年近く前に祖父に聞いた。カムルチー。その名の響きからも察しが付くように、もともと日本にいた魚ではない。中国大陸から持ち込まれた全長一メートルほどに成長する大型の肉食外来魚である。ひょっとすると「雷魚（ライギョ）」という呼び名のほうが一般的かもしれない。

ずっと食べてみたいと思っていたが、スーパーで買えるような魚ではないので、その機会には恵まれずにいた。このままでは口にしないまま一生を終えてしまいそうだ。思い切って自分で捕まえて食べることにした。

捕獲方法＝手づかみ

近年は生息環境の変化に伴ってその数を減らしつつあるものの、カムルチーは未だに各地の湖沼や河川で繁殖し、在来の小魚や小動物を食べてしまっているそうだ。

今回カムルチーを捕まえる沼にもタナゴやフナなど、在来の小魚が多く生息している。しかしその沼にも、カムル

肉食魚らしい大きな口、鋭い歯。

チーやブラックバス、さらにはブルーギルといった外来種が放流されてしまい、本来の生態系が乱れ始めているという。最近では積極的に駆除が進められているが、なかなか功を奏してはいないようだ。駆除を手伝う、などと偉そうなことを言うつもりは一切ないが、今日は僕も一匹連れて帰らせてもらうことにする。

ところで、カムルチーの捕獲方法としては釣りが一般的で、熱心な愛好家も存在するほどである。しかし、この取材を行ったのは十一月も半ばを過ぎた頃。寒さに強くないカムルチーたちはもはや半分冬眠しているような状態で、ほとんど餌を食べようとしない。

よって釣りで捕まえることはできない。

ならば寒さに凍えてじっとしているところを網ですくうという方法も考えられるが、これも却下。なぜなら僕はカムルチーのような大きな魚をすくえる網を持っていないからだ。

じゃあ、もうワイルドに手づかみでいいか。だってその

カムルチーが棲む沼。水面に乱立しているのは枯れたハスの葉。

網も釣竿も持たない。最も原始的かつ野生味あふれる漁法、「手づかみ」で挑む。

ほうが楽しそうだし。

なかなか見つからない

胴長を履いて静かに明け方の沼へと入り、カムルチーの姿を探す。この沼は基本的に浅いのだが、ところどころ落とし穴のように深くなっている。この時期、ほとんどのカムルチーはそういう深場に潜っていると思われる。

しかし、せいぜい股下程度の深さでなければ魚影を見つけることは難しいし、見つけたとしても手が出せない。思い切って水草の繁茂する岸辺のみに狙いを絞ることにした。

しかしなかなか姿を見せてくれないカムルチー。

二度ほど大きな魚影を見つけてドキリとしたが、いずれも立派なコイであった。やはりカムルチーは深場にしかいないのか？

沼の妖怪「カムルチー」をつかみ捕れ！

このまま見つからずに終わってしまうのか…？　そんな考えが脳裏をよぎったその時！　水底に大きな黒い魚が見えた。ウナギを極太かつ寸詰まりにしたような体型。一瞬、初めて見るその魚体の正体がわからなかった。

屈み込んで数秒間目を凝らしてみて、やっとそれこそが追い求めていた魚だと気づいた。

「カムルチーだ！」

しかも、このポイントはかなり浅い。こんな寒い中、こんな浅場でカムルチーが休んでいるという

魚を驚かさないようそっと入水。

沼の中で藪こぎすることになるとは…。

いた!

手応えあり!

こいつが憎くも愛しきカムルチー!

のは、なかなかレアなケース。この一匹がおそらく最初で最後のチャンスだろう。はやる気持ちを抑えて逃げられないよう、そっと近づく。心臓がバクバクとカムルチーに聞こえてしまいそうなくらい大きく音を立てている。

射程距離まで近づいてもカムルチーは逃げようとしない。ヒレもエラも動かさない。まるで死んでいるようだ。あるいは本当に寒さのあまり熟睡していたのかもしれない。僕だってこんなに寒い朝は布団で寝ていたいし。

さあ、いよいよつかみ捕るわけだが、どこを狙えば良いか。細長くなめらかな胴体はヌルヌル滑ってつかめないだろう。ならば狙いは骨格が硬く、口、エラ、眼窩など多少の起伏がある頭部のみ。

両手で思いっきり押さえ込むようにつかむ！　エラに手を突っ込む勢いだ。手の中で魚が暴れる！　先程までの静かな姿からは想像もつかないパワーだ！

しかしこちらとて必死。水中戦は分が悪いと判断し、思い切って大きな魚体を陸へと放り投げる。枯れかけた草の

ガチガチの魚類離れした頭部。

短いけれど鋭い牙!

上にカムルチーが転がり、のたうつ。勝負あった!!

これだけ大きな魚を手づかみなんて、改めて考えると結構すごいことをやった気がする。と言うか、本来カムルチーはこんなに鈍い魚ではないし、実は一生に一回あるかないかの奇跡だったのではと思う。

大の男が思い切りつかんでも潰れなかったカムルチーの頭部は、硬い骨と鱗でガチガチで、魚らしさに欠ける印象だ。ちなみにこのカムルチーをはじめとするタイワンドジョウ科に分類される魚の英名は「スネークヘッド」という。うーん、確かにちょっとヘビっぽくもあるかな?

口を開けると鋭い歯が並ぶ。顎の力も相当強いので、噛み付かれたら流血は免れないだろう。

歯の鋭い川魚というとピラニアなど海外の魚

まな板の上でもド迫力。

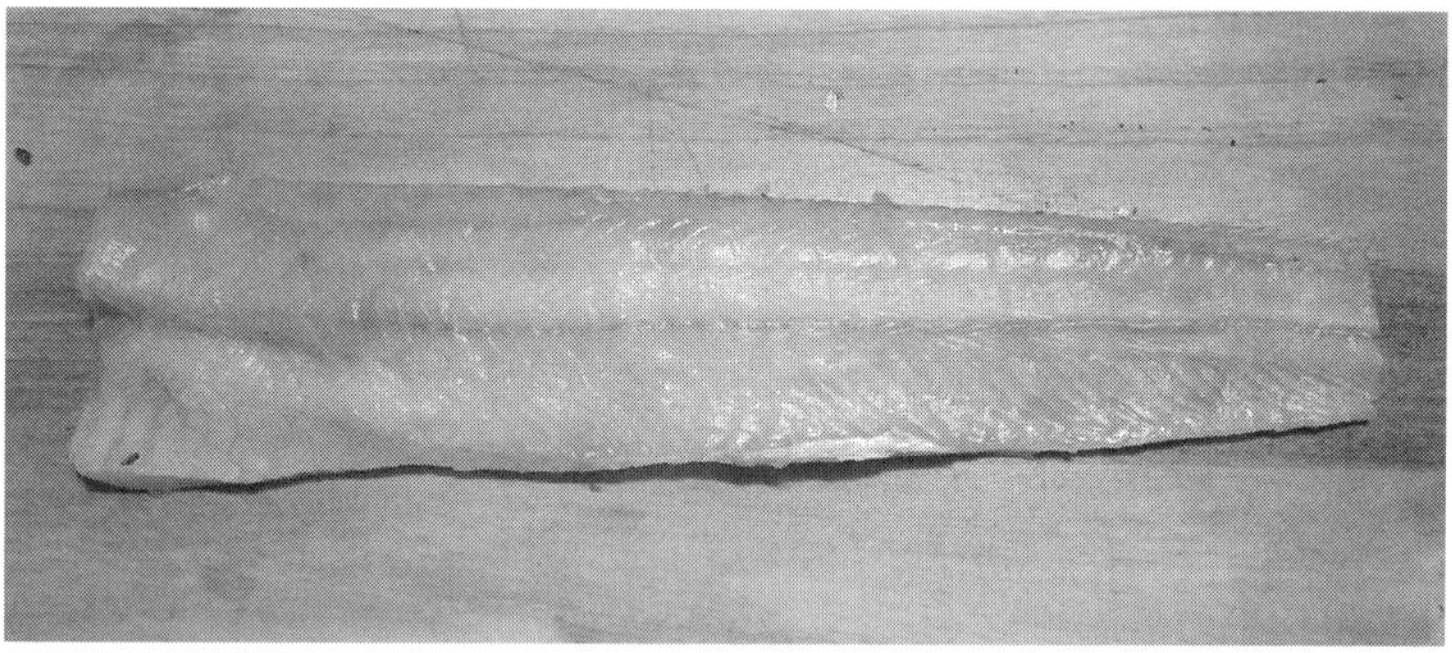
でもお肉は綺麗。

…皮はやっぱり真っ黒なんだけどね。

が有名だが、日本の淡水域にもこんな牙を持っている魚がいるのだ。外来種だけどね…。

本当においしいのか!?

ついにカムルチーを食べられる。十数年越しの夢が叶う瞬間だ。じいちゃんの言ったことは本当だろうか。

うーん。捕まえておいてなんだが、お世辞にもおいしそうには見えないんだよなあ……。

半信半疑でさばいてみると、あらびっくり。すごくおいしそうな白身。これは期待できそうだ！

しかし皮はどす黒く、少々食欲を削ぐ。

川魚は皮に臭みが溜まることも多いので、剥いで調理すべきかと思ったが、今回はあえてそのままにしておいた。めんどくさかったので。

まず一品目はムニエル。

祖父の話は真実だった！

とりあえずシンプルなムニエルにしてみた。いつも通り、まずは素材そのものの味をしっかりと見極め、他の料理に工夫を凝らそうという考えだ。生前の姿を思い出しつつ、恐る恐るかぶりつくと…。

うん、おいしい！　ジューシーだけれどさっぱりとしてクセがなく、とても食べやすい。懸念していた臭みもないぞ。

「見た目の割に不味くはない」とか「まあ食べられる」とかいうものではない。色眼鏡をかけずに判断して本当においしいのだ。じいちゃん、疑ってごめん。

それもそのはず。このカムルチーという魚、原産地では好んで食用にされ、養殖も行われているほどなのだ。日本にやってきた経緯も実は

まあフライならハズレはないでしょ。

食用目的だったのである。まあ、食材としては定着しなかったみたいだけど。

続いてフライも作ってみた。どんな魚も揚げてしまえばそれなりに食べられる味になるもの。カムルチーならば間違いなくおいしいに決まっている。今度は何のためらいもなく豪快にかぶりつく。ムニエルにしてあれだけおいしいんだから、まあフライにして不味いはずないよね。冷めるまもなくあっという間に完食。

この魚、どう料理してもおいしいんじゃないか？　ということでウナギやアナゴのように細長い外見からインスピレーションを受けて蒲焼きにも挑戦してみた。しかし結果はちょっと期待はずれ。

決して不味くはないけど、ムニエルやフライにはやや劣る味わい。蒲焼きに向いている魚ではないようだ。

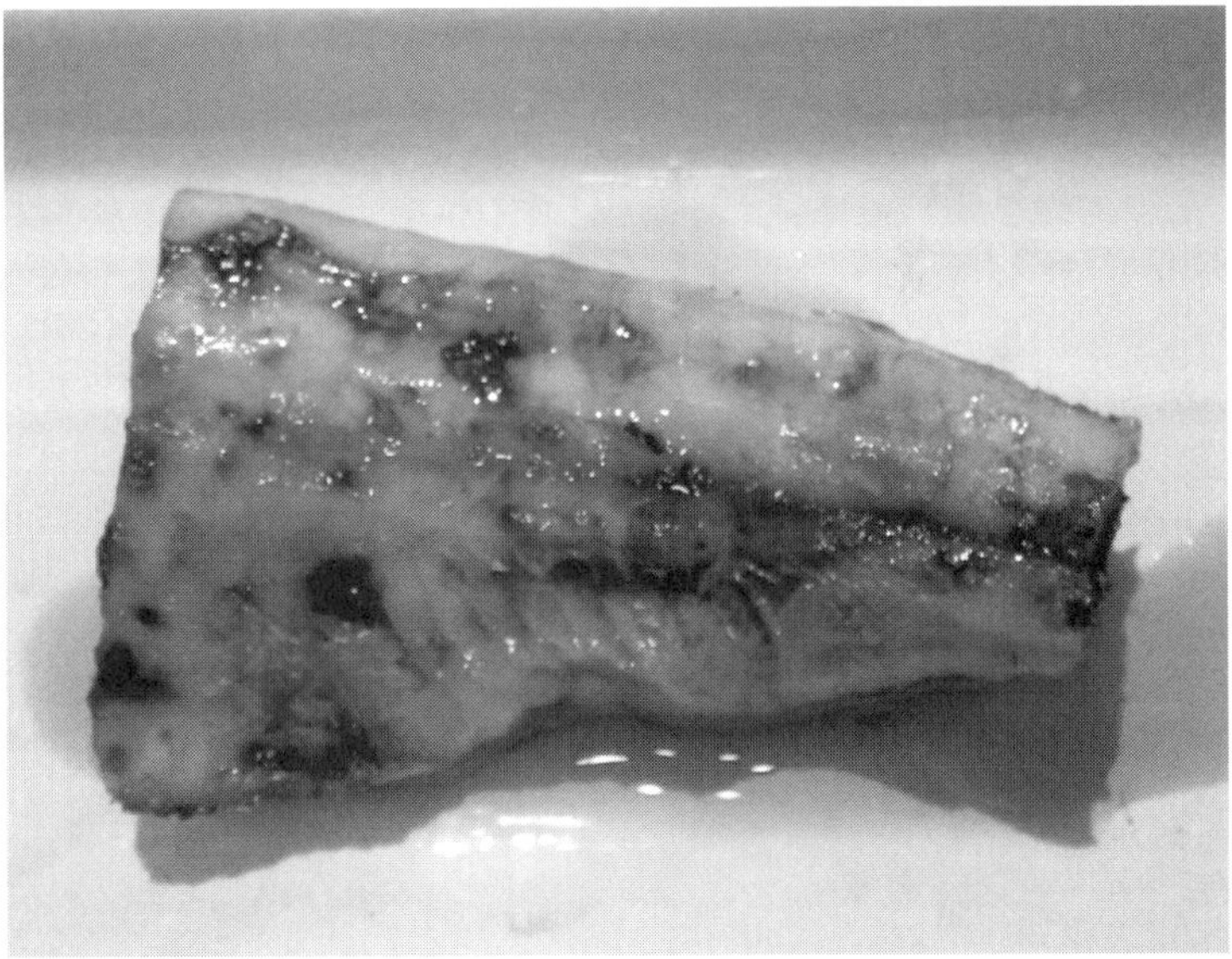
蒲焼きも不味くはないけど……。

なんとなくだが、和風な味付けよりスパイスを利かせたエスニックな味付けのほうがこの魚には合いそうな気がした。

絶対、絶対火を通そう!!

今回の取材で確かにカムルチーはおいしいことがわかった。自信を持って他人にお勧めできるくらいだ。夏場なら意外と簡単に釣れるそうだし、上野アメ横の鮮魚店で売られているのを目撃したと言う知人もいる。その気になれば手に入れられる魚なので、この記事を読んで興味を持った方はぜひ食べてみてほしい。

ただし、この魚は人体に害を及ぼす「有棘顎口虫《ゆうきょくがくこうちゅう》」という危険な寄生虫の宿主となっている場合がある。他の淡水魚一般についても言えることだが、調理の際には必ずしっかりと火を通さなければならない。いくら身が綺麗でも刺身で食べてはいけないのだ。

いけるいける!

利根川の巨大魚は
マッシュポテトがお好き?

本日の食材

ハクレン

学名

Hypophthalmichthys molitrix

分類

コイ目 コイ科 ハクレン属

原産地

アジア大陸東部

GISD記載種

利根川にすごい魚がいるらしい…。

「川魚のくせにブリみたいに速く泳ぐ」「一メートル以上に育つ」「見た目がなんかすごい」「食べてもおいしい」などなど、かねてからその噂はたびたび耳にしていた。

速い、大きい、おもしろい、うまい。これだけ魅力的な点が揃っているのだ。ぜひともキャッチアンドイートしてみなければ。

どうやって釣る!?

その名は「ハクレン」。近い仲間にコクレンというのもいて、利根川水系では併せて「レンギョ」と称されることが多い。いかにも大陸的な響きの名前から察しがつくかもしれないが、ハクレンもコクレンも中国大陸から持ち込まれた魚である。

昔、食用目的で日本各地に持ち込まれたもの

これがハクレン。銀ピカ！　ちなみに英語ではシルバーカープと呼びます。

の、利根川水系でしかうまく繁殖できず、よその川では定着しなかったらしい。

ハクレンは食性が特徴的で、主食はなんと植物プランクトンだという。へー、おもしろい。

……いやいやちょっと待て。そんなもん食べてる魚、どうやって釣れっていうんだ。釣り針にミカヅキモでも刺せっていうのか。無理無理。

じゃあ水に飛び込んでタモですくうか？　それも無理無理無理。相手は「ブリみたいに速い巨大魚」だ。おそらく触ることはおろか近付くこともできない。仮に接触できても体当たりで吹っ飛ばされるのが落ちだ。

八方ふさがりで諦めかけていた時、釣り具店の店員さんから耳よりな情報を得た。

「マッシュポテトで釣れますよ。」

なるほど。ジャガイモは植物質。マッシュポテトなら水中に沈めたら微粒子になって溶け出

ハクレンの日本における主な生息水域は利根川水系。

すからそれはもう植物プランクトンみたいなものだ。釣り人っていろいろ思いつくなー。

早速自宅でマッシュポテトを作り、釣りの仕度をする。仕掛けにはコイ釣り用の仕掛けを流用した。マッシュポテトはすぐに脱落してしまわないよう、金属製の螺旋にしっかりと練りつける。そして、針に発泡スチロール片を刺して浮力を増してやる。この一工夫により、針が溶け出すマッシュポテトに紛れてハクレンの口に吸い込まれやすくなるのだ。なお、ジャガイモと牛乳だけではどうにもゆるく、一瞬で釣り針から落ちそうだったので小麦粉をつなぎに加えた。

準備はできた。さあ、いざ利根川へ！

マッシュポテトの底力

とりあえず釣り具店の店員さんが沖合でハ

ワタカと言う魚。いかにも川魚といったシンプルかつ味わい深い見た目。

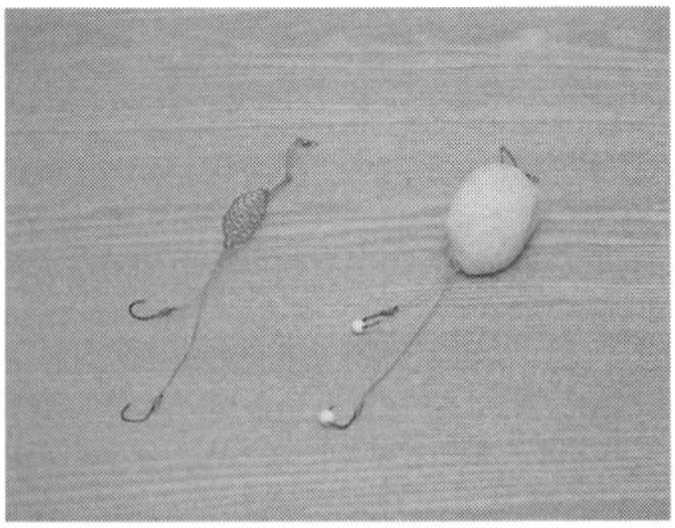
コイ釣り用の仕掛け（左）に、マッシュポテトと発泡スチロール片をつけた（右）。

60 センチくらいの立派なコイ。

丸々太ったヘラブナ。

水中に散在しているプランクトンを漉しとるために異様に発達した鰓が口からのぞく。

クレンが跳ねるのを見たというポイントへ向かい、手探り状態で竿を出す。

だが思いのほか流れが強く、投げ込んだ仕掛けがすぐに岸へ流されてしまう。そして岸際に仕掛けがたどり着くと決まってワタカやヘラブナなどの小さな魚がマッシュポテトをつつくのだ。まあフナでもなんでも釣れればそれはそれで楽しいんだけどね。と思いながらマッシュポテトを投げ込み直すと何やら大物が！　ついにハクレンか!?　と思ったら六〇センチくらいの立派なコイ……。そこそこの大物なのだが、期待を抱いた分、ものすごくがっかりした。釣れてもらっておいて、我ながらひどい言い草だ。

それにしてもいろいろ釣れるなマッシュポテト。これから食卓でマッシュポテトを見る目が変わってしまいそうだ。

ついに本命が!

しばらくこんな感じで本命でない魚と戯れていると、不意にものすごい勢いで糸が引っ張られた。釣り竿の先にいる何かがものすごい勢いで沖に向かって突っ走る。大型のアジ類とか、海の回遊魚みたいな強烈な泳ぎが手元に伝わってくる。すげえ！　こんな川魚が日本にいたんだ！（外来魚だけど）

ただ、パワーはすごいけどスタミナはあんまりないようで、数分後にはすんなり足元に寄ってきた。銀色の巨体と、それに比しても大きな頭が水面を割る。これぞハクレン。間違いない。

日本的な感覚では、見た目はあまり川魚っぽくないように感じられるかもしれない。流線形のボディに受け口の顔、シュッと伸びた胸ビレ。なんかボラとマグロをミックスしてメッキがけ

えっ…。本当にルアーで釣れた、じゃなくて引っ掛かった。

したみたいな魚だと思った。

興奮して写真を撮影していると、遠くでフナを釣っていた釣り人が声を掛けてくれた。

「何狙ってるのかと思ったらレンギョだったの？　そんなの沖に向かってテキトーにルアー投げてればいくらでも引っ掛かるよ〜」と教えてくれた。

まさか。こんなに苦労してやっと一匹釣ったのに、そんな馬鹿なことあるわけないじゃないか。そう思いながら、彼の言うとおりルアーをテキトーに投げてみると、わずか三投目でガツンという強い手応え。本当に掛かっちゃったよ。どうやら沖のほうには想像を絶する密度でハクレンが群れているらしい。今までの試行錯誤は一体何だったのか。マッシュポテトは夕飯に取っておいたほうが良かったのではないか。

ともかく、この方法ならいくらでもハクレン

まな板に乗ると急に食材らしく見えてくる。

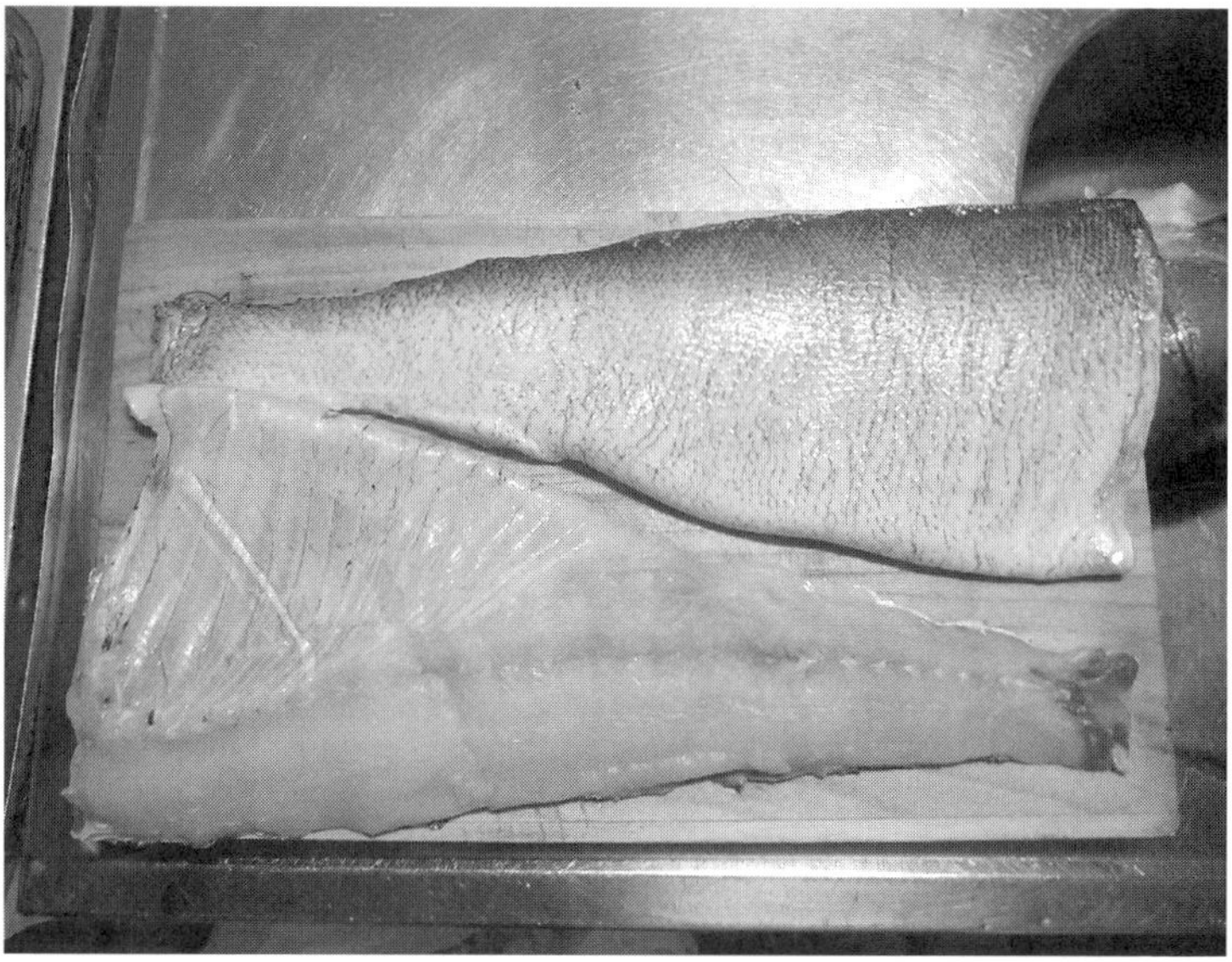

一見すると、スズキっぽい感じも。

を捕まえることはできそうだ。しかし、ルアーがハクレンの眼やお腹に引っ掛かったら悲惨だし、これ以上捕まえても食べきれないので、ここで満足して帰路についた。

皮は剥ぐべし

さあ、おいしいと評判のハクレン。いかほどのものなのか。見慣れぬ魚ではあるが、まな板に乗ると急に食材に見えてくる。うん。こうして見ると確かになかなかおいしそうだ。ちなみにグロテスクすぎたので写真の掲載は控えるが、でっぷりとした腹の中にはものすごく長い腸が詰まっていた。さすが生粋のベジタリアン。

身はきれいな白身でおいしそうだ。なんとなくクセのなさそうな感じがするので、メニューも塩焼き、照り焼き、あら汁と、いたってシンプルなものを揃えた。

まず塩焼きから一口頬ばった瞬間、鼻腔に川魚特有の臭みが広がった。「おいしいっていう噂は嘘だったの⁉」と慌てたが、冷静に分析するとその臭いの元は皮のようだ。実際、皮を取り除いてしまえばおいしく食べられた。

照り焼きはあらかじめ皮を削いで焼いていたので、臭みを感じることもなく一口目から大変おいしくいただけた。

あら汁もそこそこおいしかったが、やはり海の魚と比べるとあまり出汁が出ていないような気がした。

まあ総評としては「普通においしい」の一言に尽きるだろう。

投げやりなコメントに聞こえるだろうが、僕の舌を以てしてはこれぐらいのことしか言えない。ハクレンとはそれくらいク

本日の御献立――ハクレンづくし。手前から反時計回りに、ザ・定番の塩焼き。「泳ぎがブリっぽいらしい」というだけの理由で作った照り焼き。中骨に肉が残ってしまったので適当に作ったあら汁。

セがなくて無難においしい魚なのだ。

禁漁期間に気をつけて！

世の中は広いので、ひょっとするとこの本を読んでハクレンを釣ってみたい、食べてみたいと考える奇特な方もいるかもしれない。実際、マッシュポテトを使ったハクレン釣りは繊細かつダイナミックなおもしろさがあるので、ぜひ一度挑戦してみてほしい。しかし、毎年五月二〇日〜七月一九日は利根川水系におけるハクレンの禁漁期間であるので気をつけたい。それから川で釣りをする際はちゃんと遊漁券（遊漁承認証、入漁券とも呼ばれる）を買いましょう。

皮以外はおいしい!

ベジタリアンなエイリアン

本日の食材

ソウギョ

学名

Ctenopharyngodon idellus

分類

コイ目 コイ科 ソウギョ属

原産地

アジア大陸東部

要注意外来生物

一メートルを超える巨大魚が、実は東京の川にうようよいる。そう聞くと驚く人も多いだろう。

しかもその魚を釣り上げるには、水面に葉っぱを浮かべておくだけでいい。こう言うともう信じてくれる人のほうが少ないだろう。でもこれが本当なのだ。

巨大魚がひしめく河川、江戸川

一つひとつ説明していこう。その巨大魚とはソウギョという魚で、漢字で書くと「草魚」である。名前の通り草を食べるベジタリアンなので、葉っぱで釣れるというわけだ。

もともとは中国から持ち込まれた魚で、あまりにも食欲旺盛なので、除草目的などで池に放すと、水草を手当たり次第に食いつくしてしまうことも多い。そのため外来生物法で「要注意外来生物」に指定されていたりもする。まあわかりやすく言うと「こ

確かに都内にいました。確かに葉っぱで釣れました。1メートルの巨大魚。

うおっ、いきなり巨大魚（死骸）に遭遇!

実は大魚がひしめく河川、江戸川。

生前のハクレン。葉っぱではなく植物プランクトンを食べる。（写真は利根川で釣り上げたもの）

なるべく岸ギリギリまで土と緑がある場所を探す。

いつ日本にいたらちょっとヤバいかもね」という生き物なのだ。

日本国内では利根川水系で繁殖が確認されており、東京都を流れる江戸川にも多く生息しているという。都内で、しかも葉っぱで巨大魚が釣れればそれはおもしろい。というわけでこの川で実際に葉っぱを浮かべて実験してみることに。

巨大な淡水魚といえば、アマゾン川のような秘境の河川をイメージしがちだ。だがこの江戸川はこの世で最も秘境からかけ離れた都市の河川である。田舎育ちの身としてはドジョウやフナすらもいるか疑わしいのだが。

そう思いながら適当に川辺を歩いていると、早速巨大魚の洗礼を受ける。岸に一メートルほどもある魚が打ち上げられていたのだ。

「ソウギョだ！」と反射的に決めつけて写真を撮りまくるが、よく見ると口や鱗の形が違う。

なんだ「ハクレン」だったか。原産の中国では、このハクレンとソウギョ、さらに「コクレン」、「アオウオ」という魚をまとめて「四大家魚」と呼び、重要な食用魚として養殖している。ちなみにこの四大家魚はすべて一メートルを超えるコイ科の巨大魚で、全種揃って江戸川含む利根川水系に生息している。江戸川は知られざる巨大魚パラダイスなのだ。

アシの葉に残された痕跡を探せ！

江戸川といっても広すぎて、どこに魚がいるかはそう簡単にわからない。……と見せかけて実は意外と簡単にわかる。このソウギョに限って言えば。

どうするかというと、まずは岸際にアシが茂っている場所を探す。アシの葉はソウギョの好物なのだ。ちなみにアシの茂みにはカバキコマチグモという、ちょっとした毒グモがいるので注意したい。

繁殖期に見られるカバキコマチグモの育児室。母グモはこの中で卵を産み、自分の体を子どもたちに食べさせるという壮絶な子育てをする。

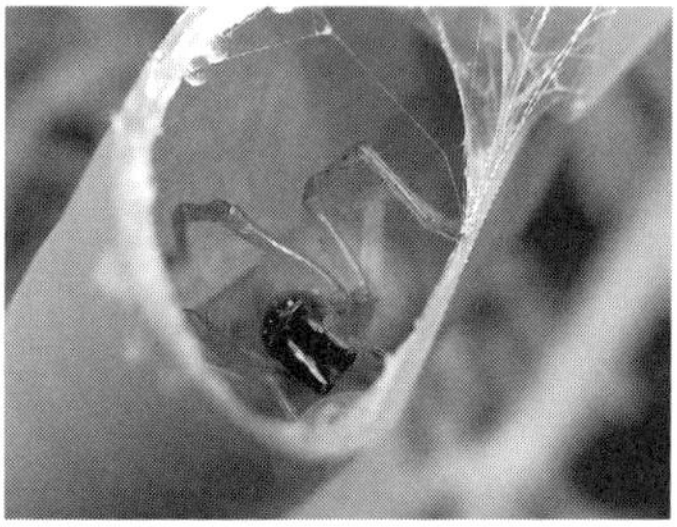

カバキコマチグモは、こんなクモ。アシの葉の上を歩いていることも多いので、うっかりはたいたりしないよう注意。

できるだけ水際に生えているアシを観察しながら歩いていると、先端が無造作にちぎられた葉がちらほら見つかる。これはソウギョが食事をした跡なのだ。食いちぎられた断面がまだ枯れていないアシを見つけられれば、ぐっとソウギョとの距離が縮まったことになる。そのポイントはここ最近、ソウギョが食事をとるために通っている場所だからだ。

余談だが、何度も江戸川に足を運んで見回ったところ、この「食《は》み跡《あと》」は意外なほどあちこちで見つかった。どうやら江戸川の場合、ソウギョは岸際までアシが生えてさえいれば中〜下流域のどこにでもいるらしい。

ただし、潮の干満にはとても気を配らなければならない。ソウギョは満潮で川の水位が上がる時間帯に水没するアシの葉を食べ漁る。そのためか潮が引いている間は全くと言っていいほど姿を現さないのだ。

先端をソウギョに食いちぎられたアシの葉。虫食いは、葉の縁から進行するので区別できる。

アシの葉を水中に突っ込んで呼び寄せる

これでソウギョの通り道を特定できた。次はそのポイントでソウギョを足止めするために餌を撒く。アシの葉を水中に浸すのだ。

ソウギョが食べられるのは、少なくとも満潮時に葉先が水面に触れているアシだけだ。実際に川辺を見て回ると分かるが、そんなに都合のいい姿勢で垂れているアシはなかなかない。なぜなら、手ごろな葉っぱは手当たりしだいにソウギョが食べてしまっているからだ。

さて、お腹を空かせたソウギョがこのポイントを通りがかれば、夢中になって葉っぱを食べることだろう。そこへこっそり釣り針を仕込んだ葉っぱを忍ばせれば、もうソウギョは僕らの手の中という寸法だ。

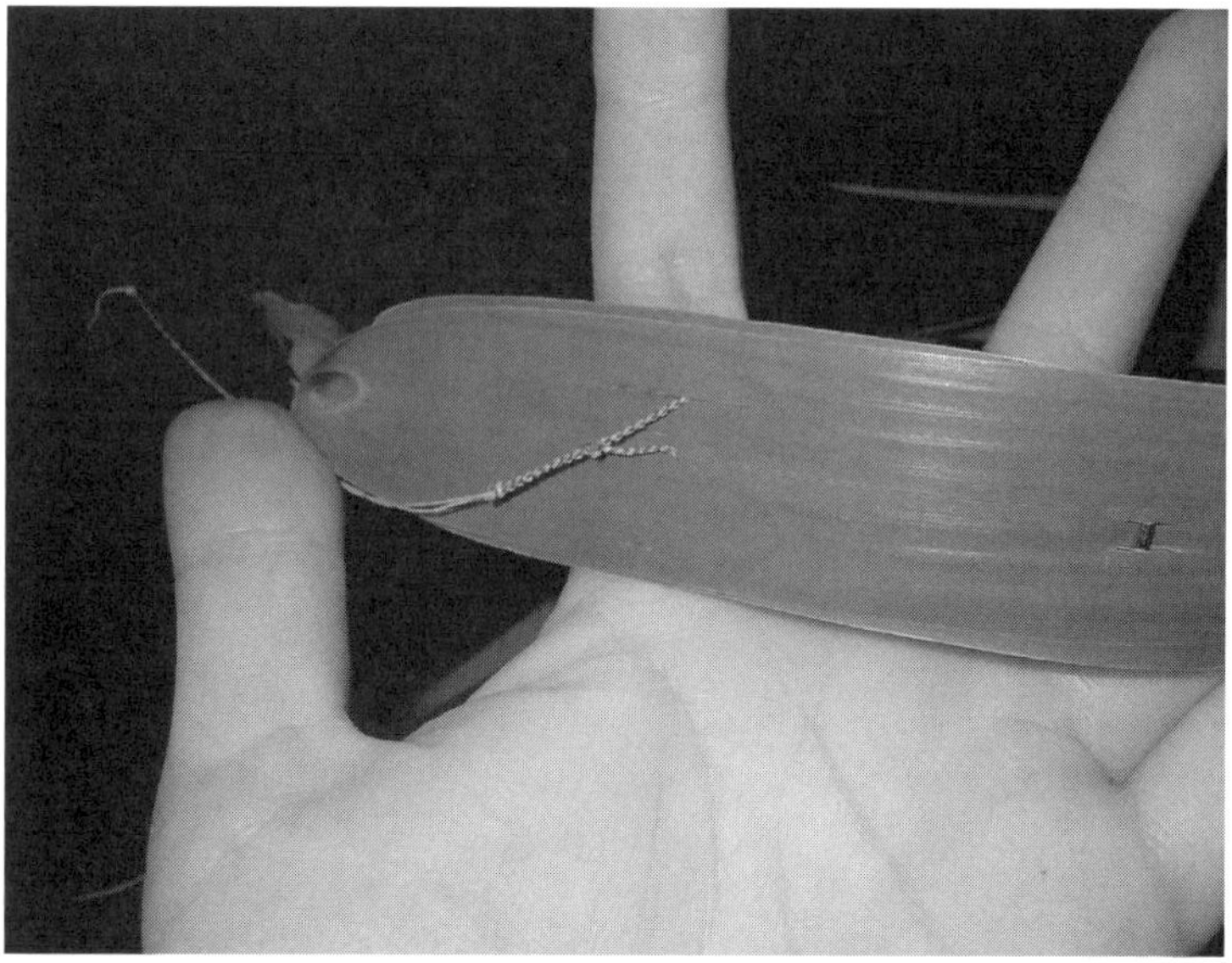

餌のアシの葉を数枚重ね、ソウギョにばれないよう釣り針を刺して包み隠す。

全ての用意が整うと釣り竿の先葉っぱをぶら下げ、不自然に伐採されたアシ原にたたずむ男が完成する。これがまたなんとも間抜けな画なのである。

こんなやつが「これから一メートル以上ある魚釣ったるんスよ！」とか言うのだから、間抜けだアホだと言うのもはばかられるほど気の毒な雰囲気を醸し出してしまう。しかもロケーションが一応都内である。救いようがない。

さて、水面にアシの葉を浮かべ、「僕の行動は正しい。間違ってない。」と自分に言い聞かせながら待つこと約二時間。眼の前のアシ原で突然「ガサガサガサガサ!!!」とものすごい音が聞こえてきた。

不意の出来事だったのでものすごくびっくりした。タヌキか野良犬が寄ってきたのかと思いアシ原に目を凝らすと、音のする方角の水際で

どう見ても、魚釣りをよく分かっていない男にしか見えない。しかし、心の底から本気なのだ。

アシの茂みが大きく揺れている。ソウギョが葉を食べに来たのだ！

次の瞬間、釣り竿の穂先がピクピクっと動いた。心臓が口から飛び出そうなほど興奮したが、それっきり水辺は静かになってしまった。

何が気に入らなかったのか、ソウギョはどこかへ行ってしまった。釣り竿の先の葉っぱを引き上げると、見事に仕込んだ針の手前で食いちぎられていた。やられた。足止め用に沈めたアシも食い荒らされてボロボロになっていた。

その後も何度かソウギョはアシを食べに岸辺へやってきたが、結局釣り上げることはできなかった。完敗である。

もう釣り竿すら要らん！

悔しい思いをしてしばらく経ったある秋の日、用あって泊りがけで東京へ出向くことに

葉っぱは見事に釣り針を避けて切断されていた。

なった。そして幸いにも予定が早く片付き、思いがけず一晩だけ時間ができたのだ。これはどう考えても神様がソウギョとの決着をつけろと言っているとしか思えない（なお、この場合の「決着」とはこちらの完全勝利のみを指す）。

だがそれには一つ問題があった。この日、東京には釣り竿を持ってきていなかったのだ。

やっぱりあきらめるかとも思ったが、よく考えるとそもそも釣り竿なんて必要ない気がする。どうせ足元に葉っぱ浮かべて待つだけだし。

というわけで、百円ショップにて購入した麻ロープでアシを数本束ね、葉っぱに釣り針を仕込んで川面に浮かべておいた。すると前回と同じく、開始後数時間でソウギョが現れ、アシの束を食べ始めた。

もしソウギョがうまい具合に針を口に含んでくれたら、ロープが水中に引き込まれるはずだ。

麻ロープで作った即席のしかけ。ライトやら釣り針やらの小物はカバンにしのばせてあった。

だが前回のように葉の先だけかじって逃げられるかもしれない。そこは運に任せることにした。

息を殺して待つこと数十秒、突然手元ロープが沖へ向かって走り出した。反射的にロープをつかむと確かな手ごたえ！

が、ロープを手繰ると意外とあっさり岸に寄ってきたので、「まだ小さいヤツを釣っちゃったみたいだなあ……」と若干がっかりした。が、足元を照らすと巨大な頭が水面から出ている。でかっ。でもなんでそんなにやる気ないの？

陸に引き上げてその理由がわかった。長らくまともな餌にありつけていなかったのか、ソウギョにしては痩せているのだ。これじゃあ元気出ないよなあ。かわいそうに。そしてやっと御馳走の山を見つけたと思ったらそれが罠だったんだもんなあ。かわいそうに。

まあ何はともあれ、念願のソウギョを釣り上げたのだ。つぶさに観察していきたい。

外見は一見するとコイに似ているようだが、よく見るとヒレがずいぶん大きく発達していたり、体型がより流線形に近かったりとハッキリ区別が付く。そして何より、最大の違いは顔つきだ。

あまり僕が言えた立場じゃないが、なかなかおもしろい顔をしている。特に口元が印象的だ。コイ科の魚全般に共通する特徴だが、ソウギョには歯がない。ただし唇が分厚く固く、顎の力が強いので葦の葉も難なくちぎることができるのだ。

さて、せっかく釣り上げたのだ。持って帰って食べたいところだが、釣りに来るのに釣り竿も自宅に置いてくる不精者である。こんなに大きな魚が入るクーラーボックスなんて当然持ってきていない。

1 メートル、10 キロといったところ。ソウギョにしてはまだまだ小さいほう。

草食系らしい穏やかな顔つき。ちょっと食べるのがかわいそうにもなる。

水の抵抗の少なそうな頭が印象的。骨格もしっかりしている印象。そういえばコイと違ってヒゲも生えていない。

迫力の唇。これでアシの葉を強引にちぎっていたのだ。人間で言うと歯茎だけでスルメを食べるようなものか。

解体するための包丁やまな板もない。ではどうするか。

釣ったその場で解体

急いで最寄りのコンビニへ走り、大量のミネラルウォーターと氷、ゴミ袋と洗顔ペーパー、そしてカッターナイフを買ってきた。これだけあればなんとか解体して持ち帰れる。街中が舞台だとこういうときに便利。だが、カッターナイフでは身は切れても、硬貨より大きな鱗はとても落とせない。そういう時は……貫《ぬ》き手《て》！　鱗と皮の間に直接手を突っ込み、靴下を脱がせるようにベロッと一気に引っぺがすのだ。この方法は非常に手っ取り早いが、指先からひじの辺りまで川魚の臭いが染みつく。作業後はミネラルウォーターでよく洗い、念入りに洗顔ペーパーで拭かなければならない。なお、カムルチーと同様に、この魚は有棘顎口虫の宿主となっている可能性があるので、このように素手で鱗を落とすのは絶対に真似しないでいただきたい。

三枚におろしたらゴミ袋を何重にも重ね、身と生ゴミを分別して持ち帰る。ただでさえ重い魚だが、さらに身はしっかりと氷で保冷しなければならないので、駅まで歩くのが苦痛である。

駅に着いても、肉塊でパンパンのバックパックと得体の知れないゴミ袋を持って電車に乗るのは気が引ける。臭いも気になるので、ガラガラの車両が来るのを待たなくてはならない。この記事の取材で体力的にも精神的にも一番大変だったのは、間違いなくソウギョを釣ってから帰宅するまでの時間であった。

急いで締めて吊るし、カッターナイフでさばく。

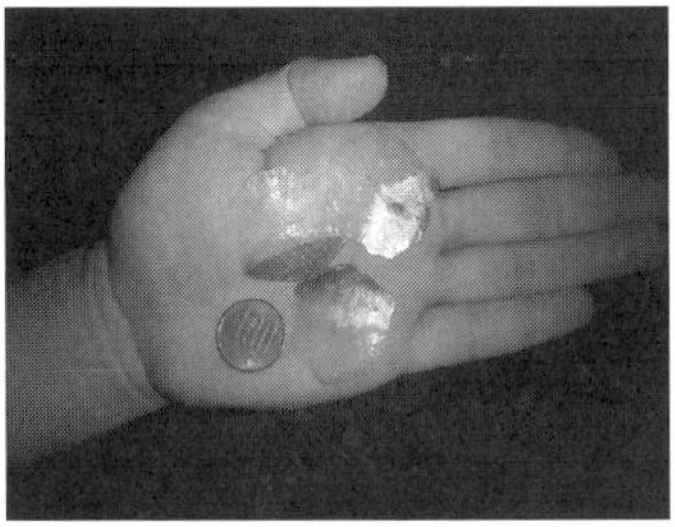

100円玉よりずっと大きい鱗。

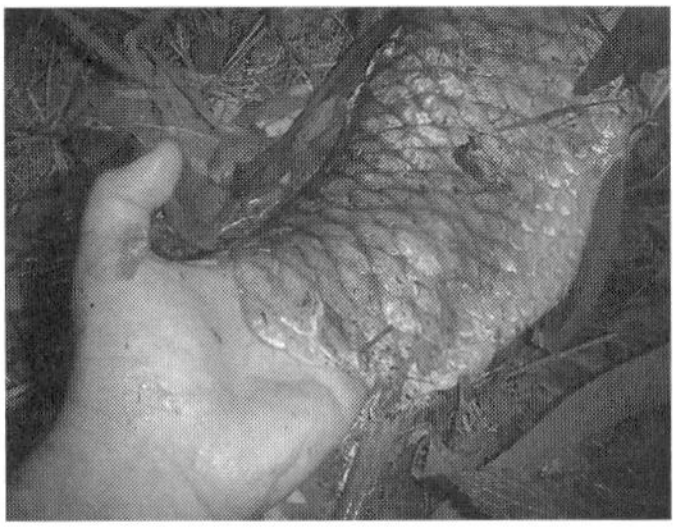

鱗は貫き手で落とした。

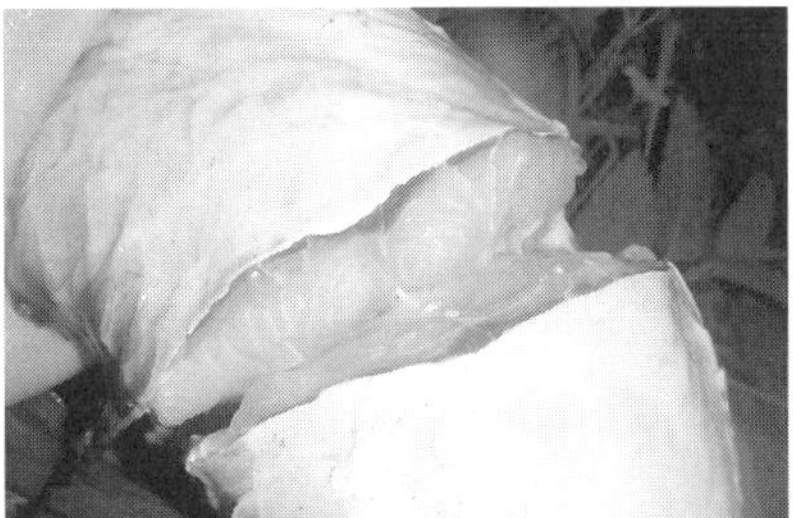

鱗の下の皮は真っ白。
身は一見マダイにも
似た白身

持ち帰ったソウギョは皮を剥ぎ、原産地の調理法に倣って中華風あんかけなどにして食べた。泥臭かったり青臭かったりするのではと不安だったが、川魚にしては臭みもクセも少なくおいしかった。まだまだ冷凍庫にストックがあるので、今後しばらくおかずには困らないだろう。

ソウギョ、実は日本中にいます

この記事を読むと、ソウギョは関東に行かないと見られない魚だと思われるかもしれないが、実はそんなことはない。繁殖こそしていないが、そのベジタリアンぶりを買われて除草目的で各地へ放流されている。公園の池やお城のお堀に異様にデカい魚がいたら、たぶんそいつがソウギョだ。顔つきや餌の食べ方をよく観察してみよう。

ソウギョの甘酢あんかけ。

でかい！ 怖い！ うまい！

本日の食材

カミツキガメ

学名

Chelydra serpentina

分類

カメ目 カミツキガメ科 カミツキガメ属

原産地

北アメリカ、中央アメリカ

特定外来生物

毎年、初夏を迎える頃になると、あの外来種が捕獲されたというニュースがテレビや新聞を騒がせる。「獰猛！」「危険！」そんな言葉でいたずらに恐れられる、奴らの名前は「カミツキガメ」。

僕はそんなカミツキガメにもう一つ、ありがた迷惑な形容詞をプレゼントしたい。それは「おいしい」だ。

千葉で繁殖している！

カミツキガメとは北米原産の大型淡水棲カメである。このカミツキガメが、なんと千葉の印旛沼《いんばぬま》水系で繁殖してしまっているらしい。

普段は水中にいてなかなか姿を見せないが、毎年この時期になると産卵のため陸に上がってくる。そこに子どもがちょっかいを出して嚙みつかれでもしたら大変！　それに、在るべき生

この凶暴な顔、そして爪！　怖いけどかっこいい！

態系に悪影響を及ぼすかも！　ということで、毎年駆除も行われているそうだ。

ネットで検索したところ、カミツキガメは高崎川《たかさきがわ》と南部川《なんぶがわ》、それから鹿島川《かしまがわ》に数多く生息しているらしいことがわかった。ところが現地に赴いて驚いた。いずれの河川も街中や田園地帯を流れているのだ。秘境めいた雰囲気は全くない。

とりあえずやみくもに探し回っても仕方あるまい。地元の方々に聞き込みを行うことにした。

徹夜で挑む！

まず、お仕事中の農家の方から、「田んぼの畦をたまに歩いている」という情報を得ることができた。しかし見かける頻度は二年に一度程度と、そう多くないそうだ。うーん、これはむやみに歩き回っても出会うのは難しそうだ。

やってきたのは千葉県佐倉市を流れる川。意外なほど街中を流れていてびっくり。

とりあえず田んぼの周りを見て回るが成果は得られない。そんなとき釣竿を持った男性が自転車に乗ってこちらへ向かってきた。

チャンス!! 水辺の生き物のことを知りたかったら最良の手段はその地域の漁師さんに話を聞くこと、その次が釣り人に話を聞くことだ。彼らは水辺のことに関してはプロ、あるいはセミプロ級の知識を持っている。

早速、呼び止めて話を聞くと、「ヘラブナ釣ってるとたまに掛かって困るんだよねえ」との答え! 釣れるんかい!!

釣り人にお礼を言い、早速、川に向けて釣竿を伸ばす。餌はサンマの切り身だ。

その後も道往くヘラブナ釣り師数名に話を聞いたが、なんと皆さんカミツキガメを釣ったことがあるという。針を外そうとすると噛みついてくるので厄介な存在らしい。

釣り人の話を聞き、早速、竿を出してみたものの……。

竿の先には鈴をつけて待機。カメが餌をくわえたら鈴の音がそれを知らせてくれるという仕掛けだ。

待つこと数十分、静かな川辺に鈴の音が鳴り響いた！急いで糸を巻き取る！　なにやら雑巾でも引っ掛けたようなかったるい感触が竿先を通じて手元に伝わる。魚じゃない。カミツキガメか⁉

残念ながら水面に浮いてきたのはクサガメというカメだった。漢字で書くと臭亀である。釣り上げられて文字通り嫌な臭いを放ち始めた。まあ後にこんなもの何でもないと思えるほどの悪臭を嗅ぐことになるのだが……。

結局明るいうちにはカミツキガメを捕まえることはできなかった。実はカミツキガメは夜行性なのだ。もちろんそれを考慮して野営の道具は持ってきている。今日は徹夜で粘ろう。

竿先には鈴。

夜になってから釣れたのはスッポン。

うーん、カメだけど…これはクサガメ。

後日釣れたのはミシシッピアカミミガメ。

しかし徹夜の甲斐もむなしく、スッポンやクサガメなど、狙っていないカメばかりが釣れるだけで終わってしまった。ひょっとするとこの辺りのカミツキガメは駆除し尽くされてしまったのだろうか。

ついに捕獲!!

後日、「デイリーポータルZ」におけるライター仲間である有毒生物マニアの伊藤健史さんを助っ人に呼び、改めて佐倉市を訪れた。なんでも伊藤さんは以前にこの辺りでカミツキガメの死体を見かけたことがあるというのだ。というわけで伊藤さんにポイントを案内してもらい、釣りをすることに。

釣り始めて早々に伊藤さんの竿に何かが掛かった！　抵抗の仕方を見るにどうやらカメっぽい。今度こそカミツキガメ捕獲なるか⁉　と思ったが、釣れたのはミシシッピアカミミガメ。いわゆるミドリガメである。これもカミツキガメと同じく北米原産の外来種。地元の釣り人の話では「駆除でカミツキガメは多少減ったが、今度はこいつらが増えた」とのこと。

その後もクサガメとアカミミガメは釣れるものの、肝心のカミツキガメは姿を現さない。本当にいるのか？　と疑念が各自の頭に渦巻き始める。

そしていいよいよ夕暮れを迎えたその時‼

僕の竿に取り付けていた鈴がほんのかすかに鳴った気がした。竿を立てると何かの重みを感じる。魚のようには暴れない。ああ、掛かっているのはカメだ。でもどうせアカミミガメかクサガメなんでしょ？　と思っていると見慣れぬカメが水面を割った。

うおおおおおおおおおおおおおお‼　夕暮れの川岸に大の大人二人の歓声が響く。クサガメじゃない！　アカミミガメでもない！　カミツキだ！　カミツキガメだ‼　ついに獲ったぜカミツキガメ！　体重二・五キロの大物だ！　すげえ、本当にいたんだ！　いや、いちゃいけないんだけどさ。

後ほどじっくり紹介するが、このカメは本当に造形がすばらしい。いつまで観察していても飽きない！

危険生物であることを忘れてべたべた触ったり観察したりしていると、やはり危ない場面に遭遇してしまった。ちょっかいを出した伊藤さんが噛みつかれかけたのだ。

バネ仕掛けのように一瞬で首を伸ばし、伊藤さんめがけてクチバシ（カメに歯はない）を鳴らすカミツキガメ。その音はカスタネットのよ

ああああ、カミツキガメだーーーー!!!

うに乾いていた。「……。」辺りが静まり返る。はしゃぎまくっていた僕も伊藤さんも黙り込んでしまった。幼い頃、冗談のつもりでからかっていた友達が急に本気で怒り出したときのあの空気だ。反省。

ところで彼のお腹を見てほしい。甲羅の形が普通のカメと大きく異なっていることに気付くはずだ。ガードが甘いというかずいぶんと露出が多いのだ。これはエロいっ！　首も尻尾もマッチョな脚も、甲羅の中には引っ込まない。これは原産地の環境における外敵の少なさ故の形態だろうか。

「へっ、他のカメみたいにガチガチにガードしなくても俺を食えるやつなんていねえよ！」という自信の表れのように見える。

そしてもう一つ、目には見えない特徴がある。このカメ、危険が迫ると体からくっさい臭いを

かわいい!　そしてかっこいい!

出すのだ。と言っても先ほど紹介したクサガメの比ではない。もう顔がゆがむほどの悪臭である。獣臭というかなんというか、動物質の強烈な臭さ。これは困ったぞ……。

食べようと思うのですが……

中米のある地域ではこのカメを食べる文化もあると聞いたことがある。日本でカメを食べると言えば、スッポン鍋だ。ならば、カミツキガメで鍋を炊いてしまおう。きっとおいしいに違いない!……と思っていたのだが、この臭いである。果たして大丈夫なのだろうか。

ペットとして飼いたい気持ちもあったけど、カミツキガメは外来生物法による特定外来生物なので、飼育および生かしたままの移動が禁止されている。とりあえずその場で甲羅や体表の汚れをブラシで落としてから締め、首をはねる。

左カミツキガメ、右ミシシッピアカミミガメ。裏返すとその体のつくりの差は歴然だ。

その後、木に吊って血を抜いた後に臭いを嗅いでみたが、捕まえた直後のような悪臭は感じなかった。どうやらあの臭いは緊急時のみ一時的に発する、スカンクやカメムシのオナラのようなものらしい。ひとまずは安心である。

作る料理はとりあえず二品、鍋とから揚げを考えているのだが、こいつ一匹では肉の量が足りないかもしれない。……もう一匹欲しいな。できればもっと大きいのが。

さらなる大物を求めて

伊藤さんが帰宅した後も、欲張りな僕はもう一日野営して粘ることにした。

日中は、やはりクサガメとアカミミガメしか釣れなかったが、日が暮れ始めたころに何やら大物が掛かった。やたら重い。流木だろうか。いや、これは！　大物のカミツキガメだ！

ブラッシング。ほほえましく見えるかもしれませんが、下ごしらえの一環です。

ついに大物が釣れた！　首を伸ばした状態で頭から尻尾の先まで七一センチ、体重はなんと四・五キロ！これはもはや猛獣だ。いや怪獣だ。ガメラだ。もう脳内はアドレナリンドバドバ。ひきつった笑いが止まらない。

やった！これで食材の量は十分だ。早速締めて持ち帰り、調理に取り掛かろう。

いよいよ食べます

さて、ついに調理編だが、これが大変だった。スッポンならさばいた経験があるので何とかなるだろうと思っていたのだが、甘かった。スッポンとは骨格が違いすぎるのだ。

それでも時間はかかったものの、なんとか肉を取ることができた。

気に掛かっていた肉の臭いも気にならない。ただ、分厚い皮がひどく臭う。獣臭いのだ。爬

これはデカイぞ!!　慣れないうちはこのようにフィッシュグリップで顎をつかむと安全だ。

一匹から大体これくらいの量の肉が取れる。左の二つは茹でてしまったもの。

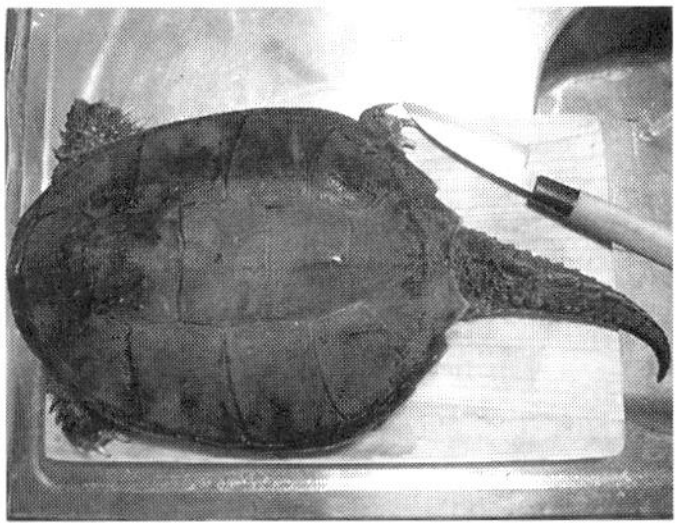

背中側からでは手のつけようがないので、腹側から包丁を入れて内臓を掻き出し、肉を外す。

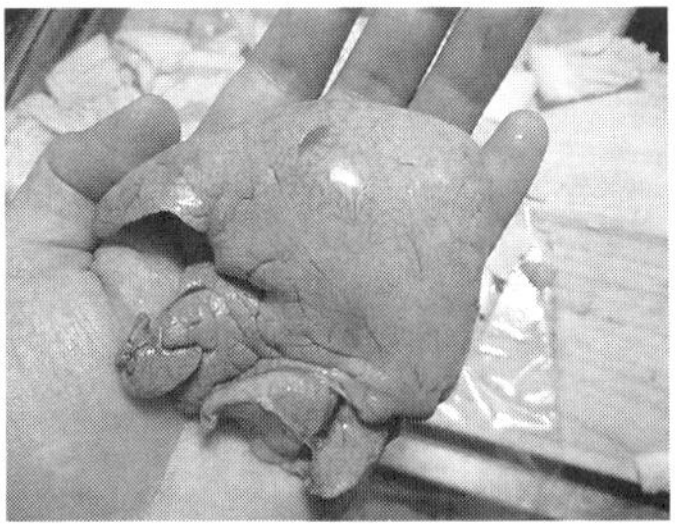

大きくておいしそうな肝も取れた。

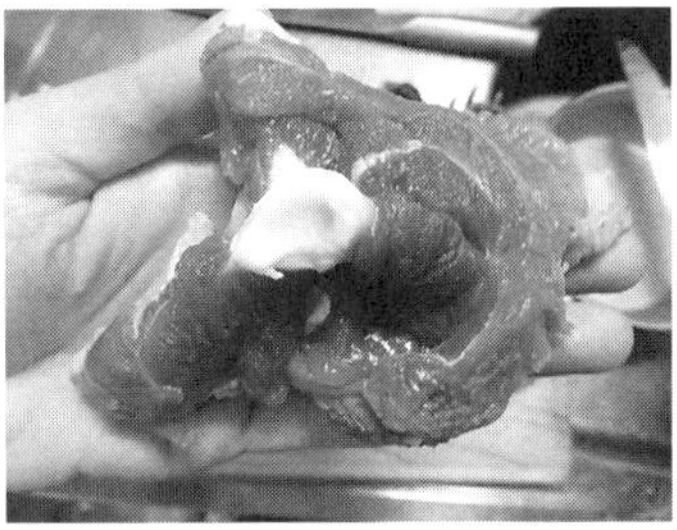

脂肪少なめのきれいな赤身!

虫類のくせに。カミツキガメを調理する際は皮をきちんと取り除くのがポイントのようだ。

めちゃくちゃ美味い!!

さて、そんなこんなで料理ができ上がった。から揚げとスッポン鍋ならぬカミツキ鍋である。まずはから揚げから、いただきます!

大きく口を開け、手づかみでかぶりつく! いったッ! この僕が印旛沼水系の食物連鎖の頂点に立った瞬間だ!! まあ、それはいいとして気になるお味だが、これがものすごくおいしいのだ。いや、本当に。冗談でも誇張でもなく本当に美味いのだ。

肉は粗めの繊維がホロホロと崩れ、なかなかジューシー。味は豚のスペアリブと鶏

のもも肉の中間といったところだ。カミツキ鍋もかなり長時間煮込んだのに肉が硬くなっていないし、味もしっかり濃厚である。

恐れていた臭みもクセも全くない。肝も甘みが乗っていておいしい。

そして特筆すべきはカミツキ鍋のスープである。素材の味を知るべく、とりあえず調味料を一切使わずに仕上げたのだが、それでもいくらでも飲めるほど濃い出汁が出ていた。

その出汁で作ったシメのおじやがまた美味いっ！　いやー、捕獲から試食まで刺激がたっぷりで、実に満足のいく取材となった。

印旛沼以外にもいる⁉

カミツキガメが定着している場所としては千葉県の印旛沼水系が最も有名だが、残念なことに他にも日本各地で見つかっている。実際、こ

から揚げ。ぱっと見フライドチキンだが、大きな爪が生々しい。

肉質は硬すぎず柔らかすぎず。

カミツキ鍋。手持ちの土鍋では収まりきらず、近所から大鍋を借りてきた。

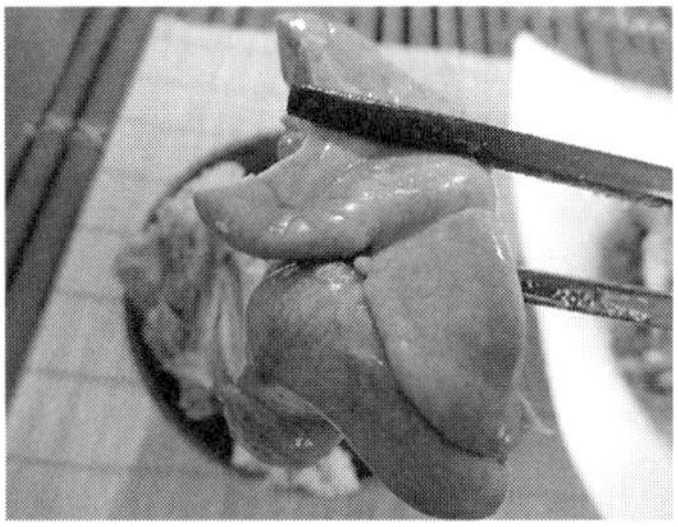
肝も甘く濃厚な味わいでおいしい。

カミツキ出汁で作ったおじやも当然おいしい。

の取材中にも横浜に流れる鶴見川に棲み着いているらしいという情報をキャッチし、その後、捕獲にも成功した（アリゲーターガー編を参照）。

このカメは、「標本が欲しい」とか「私にも食べさせろ」という知人の願いを叶えるべくその場で締められ、沖縄へと空輸されていった。そして沖縄の繁華街、国際通りの傍にある台湾料理店「青島《チンタオ》食堂」へと持ち込まれ、肉と骨に分離。台湾筍を使った鍋料理と骨格標本へそれぞれ華麗なる変貌を遂げた。遠方なので僕は参加できなかったが、カミツキガメは大勢の物好きたちの舌を楽しませたようだった。

良い子は真似をしないように

カミツキガメは基本的に臆病で無害な生物だが、何度も繰り返しているように無闇にちょっかいを出すと危険なので、決して僕の真似をして捕まえようとは思わないでいただきたい。同時に、とてもとてもおいしい生き物でもあるので、もしもお隣さんが「実家からたくさんカミツキガメのお肉もらったんですけど〜」とやってきたら、ぜひおすそ分けにあずかってみよう。

ふはははー。今この瞬間、おまえはカミツカレガメに成り下がったのだー。

「まあスッポンならさばけるし…」と青島食堂店主の比嘉さんは平然と調理を進める。プロの料理人ってすごい。

手前に並ぶのが標本となったカミツキガメの頭部骨格とくちばし。奥はスッポン。

鎧を着けた外来魚

本日の食材

マダラロリカリア

（プレコ）

学名

Liposarcus disjunctivus

分類

ナマズ目 ロリカリア科

原産地

北アメリカ

要注意外来生物

「プレコ」と呼ばれる魚たちをご存じだろうか。南米を原産地とし、その特徴的な外見から観賞魚として世界中で親しまれているナマズの一群である。さらに、聞くところによると原産地のアマゾン川流域では食用にもなっているらしい。

そのプレコが近年、なぜか沖縄の川で繁殖してしまっているのである。そうか、ならば捕って食べてみよう。

プレコって？

プレコとは鎧のような鱗と立派なヒレ、それから大きな頭を持ったナマズ目ロリカリア科に属す素敵な魚の総称である。詳しく説明するとややこしいので、とりあえず写真を見ていただきたい。だいたい総じてこんな姿をした魚たちだ。

沖縄本島の川にはこんなのがウヨウヨ。

魚類は外見のバリエーションが非常に豊かな生き物だが、その中においてもかなりユニークな形をしている。確かにファンタジーかＳＦの世界の生物っぽくてかっこよく、同時にマスコット的な愛らしさもある。これなら愛好家がいるのも頷ける。

数あるプレコの中には一匹数万円もする種類もいるが、一方ではワンコインで手に入るほど安価なものもあり、ペットショップや観賞魚店ではまだ小さな幼魚がよく販売されている。マニアのみならず熱帯魚飼育初心者がその可愛らしさにあてられ、衝動的に購入してしまうこともしばしばだそうだ。

沖縄にいるのは野良プレコ

ではなぜ沖縄に、南米原産のこの魚がいるのか？

よく見ると顔もかわいい。

流れの速い川底に張り付くのに適した流線形のボディと、飛行機を思わせるヒレ。

模様がおしゃれな種類も多い。

特に幼魚の頃はかわいいんだ。これが罠。

ワンコインで買ったプレコが「思ってたより大きくなっちゃったから☆」といった残念な理由で捨てられてしまったのだ。同じ顛末は日本各地で起きていると思われるが、温暖な気候が原産地に似ている沖縄では例外的に定着してしまったというわけである。

プレコは沖縄本島の中南部を流れる川でなら、たいていその姿を見ることができる。今回は比較的水が綺麗で、かつ大きなプレコが多いと聞いていた川へと出向いた。

川面を見渡すとコイやティラピアという魚の姿があちらこちらに見える。残念なことに、これらも、もともと沖縄にいた魚ではない。観賞用、あるいは食用に本土や海外から持ち込まれ、野生化したものだ。

大変なことになっているなあと思いながら岸際に目をやると、何やら黒い影が点々としてい

沖縄本島中部の川へ。

本来なら沖縄にはいないはずのコイ。

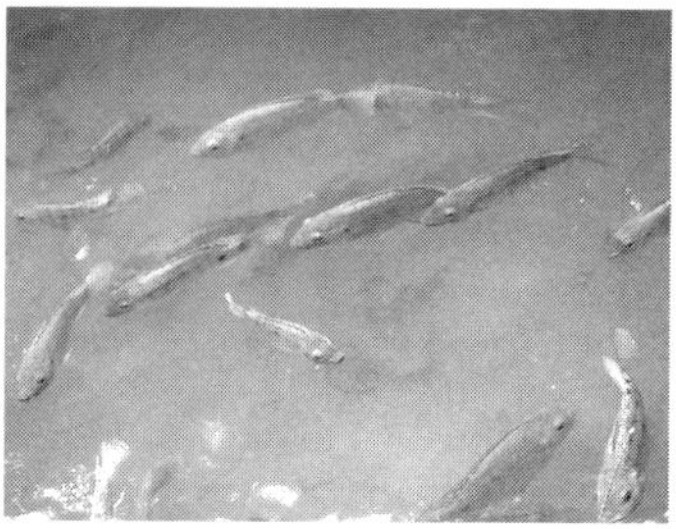

アフリカ原産のティラピア。

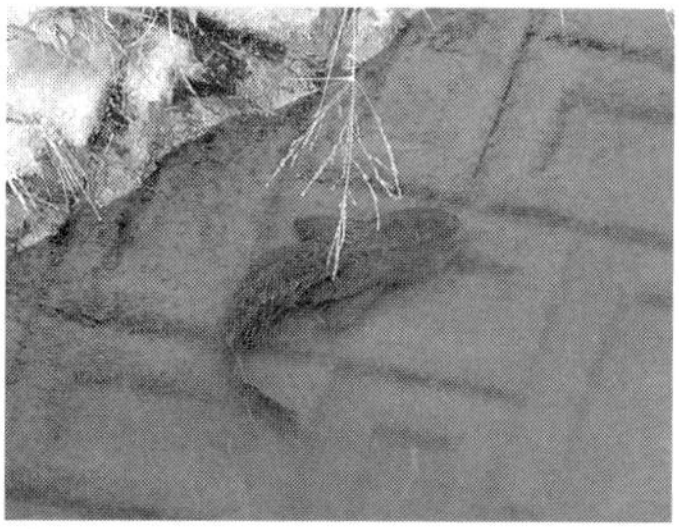

プレコです。間違いない。

怪獣的なかっこよさ。そしてデカさ。ペットショップは鑑賞魚売り場にこの写真を展示しておくといいいんじゃないか。いろんな意味で。

る。大きなヒレ、飛行機のようなシルエット。紛れもなくプレコだ。案の定あっさり見つかった。

野良プレコはデカい

沖縄のプレコは外敵に襲われない自信があるようで、たいていの場合かなり近づいても逃げない。場所によっては簡単に手づかみできてしまうほどだ。この川でもタモ網で簡単にすくい捕ることができた。

……あっさり見つかり、あっさり捕獲できたが、それにしてもちょっと大きすぎやしないか。全長は六〇センチ近くもある。これはこれでかっこいいが、冒頭の写真のようなプレコ特有の可愛らしさは、もはやない。

ちなみにプレコたちはロリカリア科という分類群に属し、沖縄に定着したこの種類には「マダラロリカリア」という和名が与えられている。

が、沖縄県民のほぼ一〇〇パーセントは単に「プレコ」と呼んでいるのが現状である。「プレコ」という名がなじみすぎているのだ。「プレコ」という名が呼びやすすぎるのだ。

特に大きな個体を狙って捕ったわけではない。この川では目につくプレコがたいていデカイのだ。沖の砂地にはこれよりもまだ大きなものもいた。沖縄では過去に全長が七〇センチを超えるプレコも捕獲されていると聞くし、まだまだこの程度では大物扱いできないのかもしれない。

鱗と頭はさながら甲冑

ところでせっかく捕まえたのだし、もう少し細部を観察してみよう。

まず初めは、やはりそのシルエットの特異さに目が行くのだが、落ち着いて観察してみるとその体の硬さに驚かされる。とにかく鎧でも着

隙間なく敷き詰められた厚く硬い鱗。これでもちゃんと体をくねらせて泳げる。

ているかのようにカッチンカチンなのだ。胴体は異様に硬いウロコに覆われ、頭にいたっては頭骨自体が鉱物か陶器のような質感である。なるほど、この防御力なら至近距離に寄っても逃げ出さない図太さにも納得だ。

そして、頭には何とコケが生えている。甲羅にコケを生やしたカメは見たことがあるが、魚は初めてだ。プレコの頭の硬さはカメの甲羅並みということか。そしてコケが生えてしまうほど動きのない、静かな暮らしをしているのか。

眼もお腹も口も全部すごい

さらには眼までも普通ではないことに気付く。瞳がアルファベットの「C」を九〇度回転させたような形なのだ。うーん、すみずみまでユニーク！

ちなみにこれは人間で言うと瞳孔が収縮した

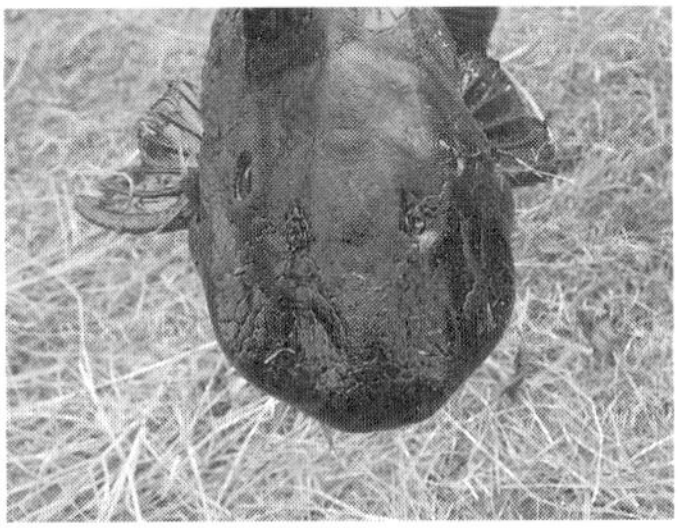

正面から見ると、なかなかかわいい顔。

頭にコケ生えてる…。

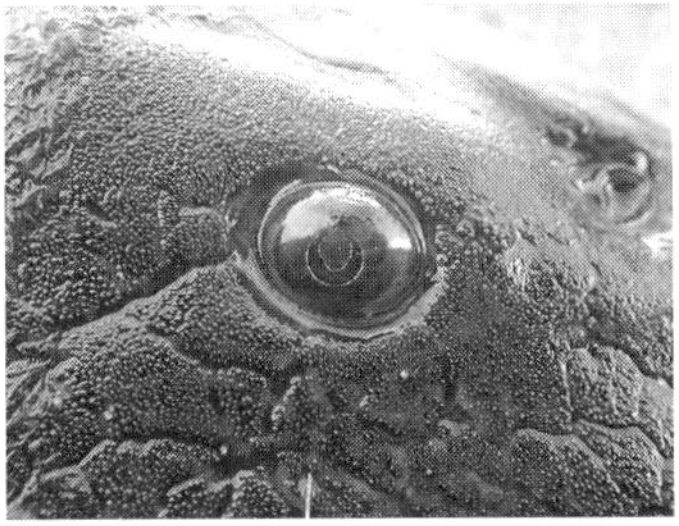

瞳がU字というかC字。

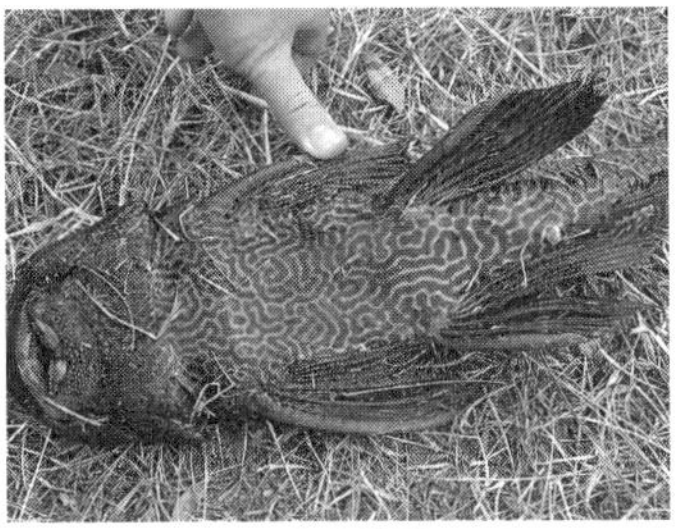

腹は豹柄というか唐草模様というか…。

状態らしく、もっと暗い場所ではちゃんと円い瞳になるようだ。

背中も頭もガチガチにガードが堅かったが、どこかに隙はないものかとひっくり返すとまた小さな衝撃。お腹が虫食い模様で塗りつぶされている。いやいや、魚のお腹は白っぽいものと相場が決まっているではないか。

特にこのプレコは常に水底や岩、流木の類に張り付いている魚だ。お腹の模様を他者に見せる機会はそうそうないと思うのだが……。

もしかするとこれはアレか？「オシャレは見えない部分に気を配ってこそ」的なアレか？

ちなみにお腹の皮膚は背面と比べるといくらか柔らかかった。調理の際はここ

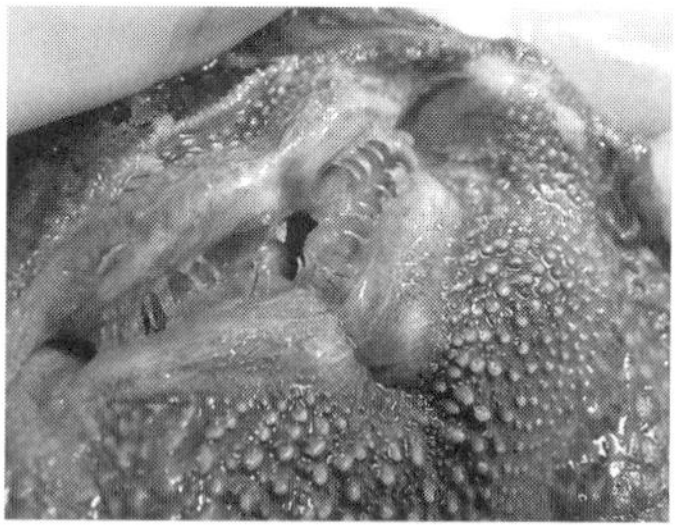

歯はブラシの毛のよう。噛まれてもあんまり痛くなかった。

ちなみに顎はこんなふうに動きます。

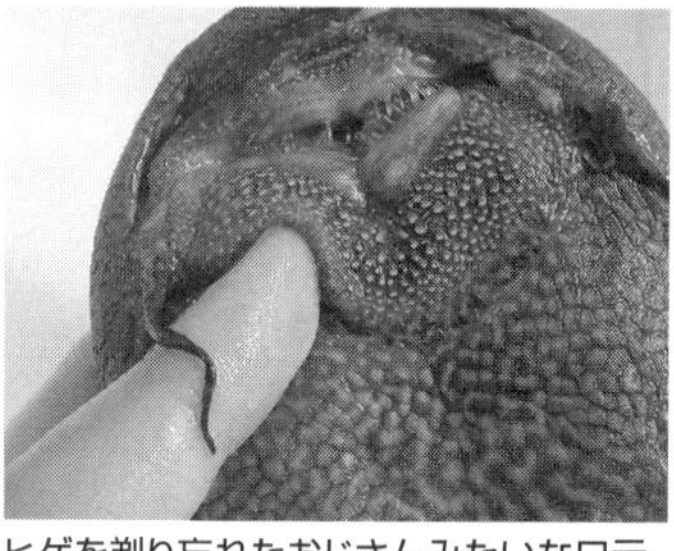

ヒゲを剃り忘れたおじさんみたいな口元。唇はとてもプニプニしている。

さて、あなたならどうさばく?

を取っ掛かりにできそうだ。
さらにさらに口周りの構造もすさまじい。小さなイボの並んだ唇と細かい歯が生える口元はニタッと笑うように口角が上がっている。また、一応ナマズらしく一対のヒゲもある。
歯は針の如く鋭い……ように見えるが、実はしなやかでブラシのよう。この歯で岩やコンクリート壁に付着した藻類などをこそぎ取って食べているのだ。ただし、口に入る大きさなら小動物も食べることがあるので、飼育する際は一緒に飼う魚のサイズに注意が必要だ。

魚と思うな。カニのように調理を。

その気になればあと一〇匹でも二〇匹でも獲れそうだったが、今回はあくまで試食が目的。一匹いれば充分すぎるくらいだろうと早々に切り上げた。

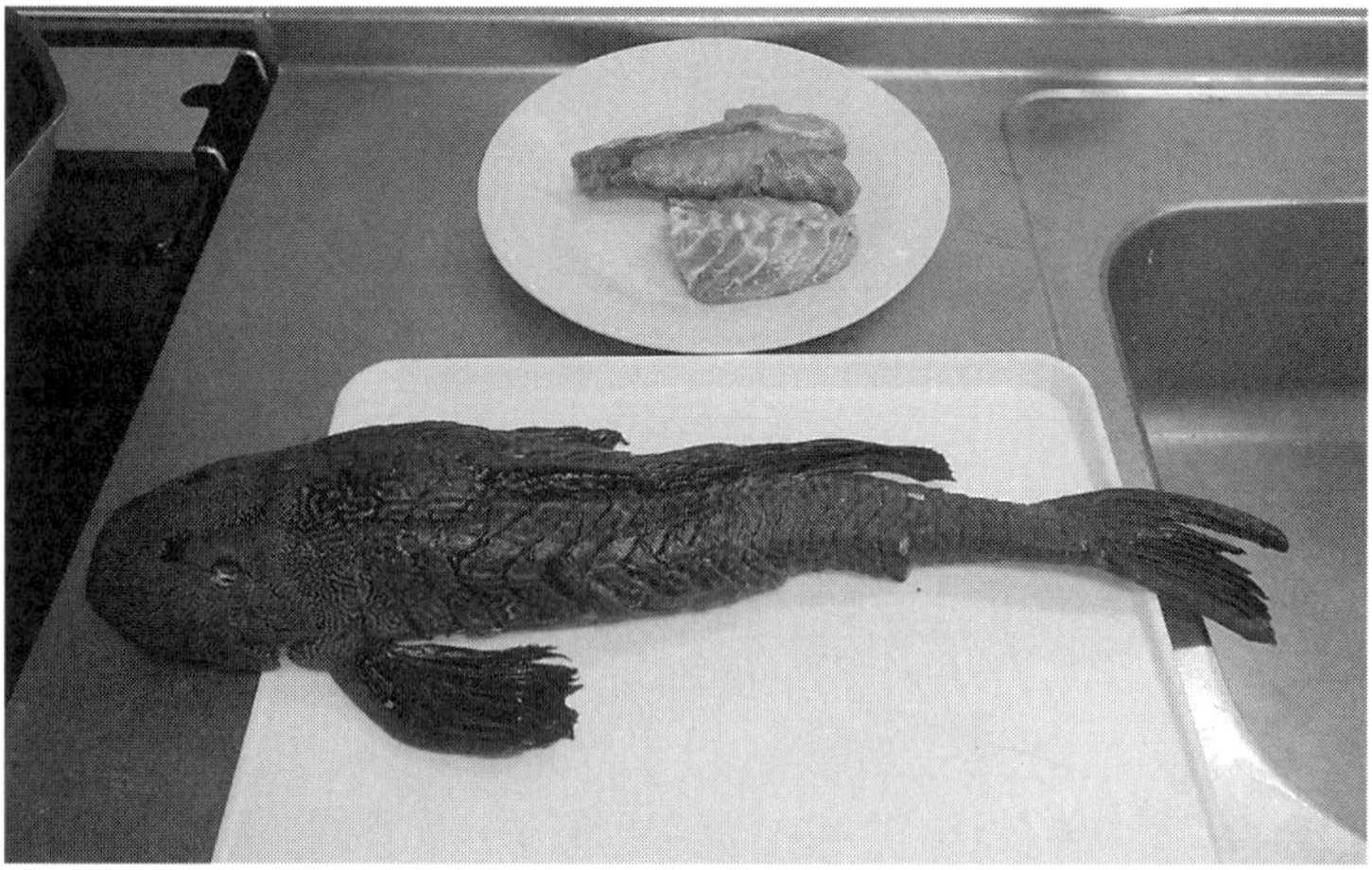

皿の上にあるのがプレコ肉。ではまな板の上のプレコは一体…?

獲れたプレコは沖縄在住の友人宅へ事前連絡なしで持ち込み、キッチンで解体を行った。さぞ嫌がられるだろうと思ったが、「お、そのプレコ、デカいな！」という爽やかなリアクションと共に快諾を頂戴した。どうかしてると思った。

さて、その解体後の姿が上の写真である。いやー、大変だった。ん？ まださばいてないじゃないかって？

馬鹿を言うな。きちんと解体して肉は取っているじゃないか。もう残るは骨と皮だけだ。

そう、実は上の写真でまな板に乗っているのはプレコの「抜け殻」なのだ。肉を全部取り出して乾燥させたイセエビ類のはく製を目にしたことがある人もいるだろう。あんな状態である。

では、ここから具体的に解体の過程を見ていこう。

プレコの解体において必須アイテムとなるのはキッチンバサミだ。むしろ包丁を使うシーンはないので刃物はこれだけでいい。

まずプレコを裏返し、肛門からハサミを入れて腹の皮をごっそり切り取る。こうすると、内臓を傷つけることなく簡単に取り除くことができる。もし内臓を傷つけ体液がしみ出すと、肉に悪臭が移るので気をつけなければならない。腹を開いて驚くのは消化管の長さである。草食動物は腸が長いというが、このプレコも藻類を常食しているだけあって尋常でない長距離トンネルを腹に隠し持っているのだ。伸ばすと何メートルになるのか調べてみたかったが、本来の目的がおろそかになるので今回は見送った。

いよいよ身を取る段階だが、正攻法ではあの鱗を落とすこともできない。ただでも硬い鱗が皮とほぼ一体化して殻のようになっているためである。こうなったらエビやカニのようにバキバキと「殻」を剥いてやるしかない。ただし、エビ・カニの類に見られるジョイントの甘さがないため、生の状態では彼らよりも難しいのだ。

ならば力技で立ち向かおう。キッチンバサミの刃を鱗同士の接合部に入れ、切り込みを作っていく。接合部はややガードがゆるいが、それでもかなりの力を必要とする。おそらく丸焼きにしてしまえば、ぐっと剥がしやすくなるだろう。ズルッと気持ちよく剥けるはずだ。しかし、今回は勉強と思ってあえて修羅の道を選ぶ。

ところでプレコの皮を剥くと、こちらの手の皮もズタズタになる。その理由は鱗を拡大して見るとわかる。全身を覆う鱗のエッジには小さなトゲが生えているのだ。プレコに触れるたびにこれに引っ掻かれて手が荒れ放題に荒れる。生プレコの殻剥きはレディにはお勧めできない作業だ。まあ沖縄の

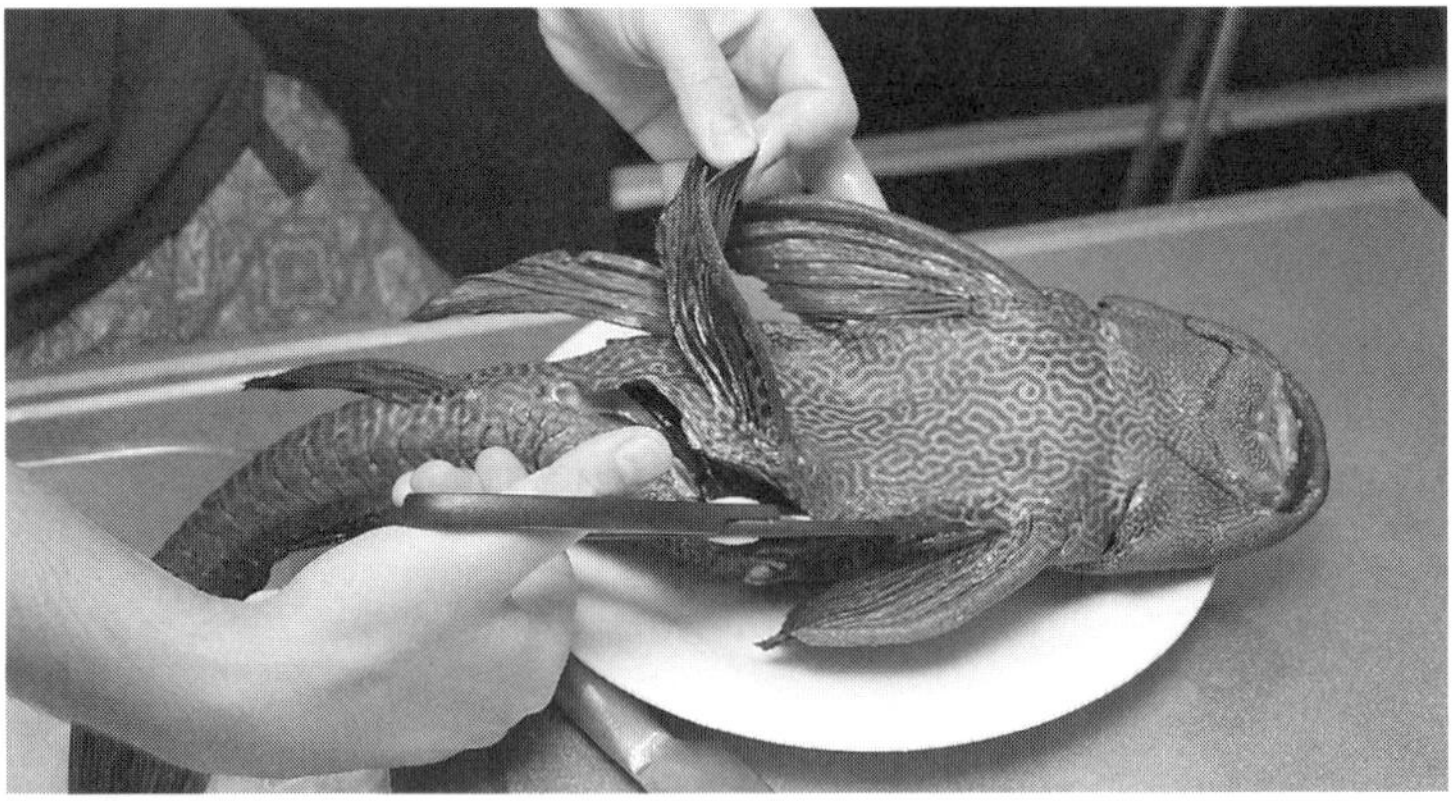

この段階で腹ビレも切ってしまうと後々の過程が楽だと思う。

臭いの元になりそうなお腹の中は綺麗になった。しかしまだまだ序の口。

皮ごと鱗を剥がす。魚をさばいているとは思えないほど握力とピンチ力を要求される。

鱗の間を縫うようにハサミを入れていく。

プレコをさばくと手の皮がボロボロになる。このトゲが厄介なのだ。

川でプレコを拾って食うような女性が果たして存在するのか、そしてそんな女性をレディと呼んでいいのかは議論の必要ありだが。

皮もとい殻を打破すると、いよいよ身が取れた。しかし二つの違和感を覚える。

まず一つ目は身の色がおかしい。川魚っぽくないのだ。赤みが妙に強く、どちらかというと鶏肉やウサギ肉に近い印象を受ける。いや、それらよりも色が濃いくらいだ。脂もよく乗っている。

そして二つ目はやけに量が少ない点である。捕った時はやたら大きく感じたが、異様に大きなヒレと頭、それから分厚い鎧を取り去ると、肉は両手のひらに乗ってしまうほどしか取れなかったのだ。拍子抜けである。大きな頭を割って使えないかとも思ったが、キッチンバサミや包丁ではとても太刀打ちできそうになかったので断念した。そもそも可食部があるかどうかも怪しいのだし。

原産地流の料理で！

今までの経験から、外来種を料理する場合は原産国の調理法を真似ると失敗が少ないと僕は考えている。そこで今回は多くのプレコ類の原産地であるブラジルに倣うことにした。ブラジルではプレコ類を「カスクード」と総称し、冒頭でも触れたように一部の地域で食用としているのだ。そこで現地流の調理法をリサーチすると、どうやらスープや煮込みにするのがよさそうだという結論に至った。

とはいえポルトガル語もブラジル料理もよく分からないので、「ペイシャーダ」というシンプルな料理を作ることにした。ペイシャーダは魚と野菜をたっぷり使うトマトベースの家庭料

取れた身はたったこれだけ。鶏ガラではありません。

理で、スープ状のものから汁気の少ない蒸し焼きのようなものまで、仕上がりは様々だという。

この料理では味付けを兼ねて、臭みを取るために魚肉をレモン汁やその他薬味・スパイスに漬けて寝かせる調理過程がある。ここがこの料理を選んだ決め手であった。実はプレコの肉に鼻を近づけて臭いをかぐと、ほんのりと照葉樹林のような青臭さを感じたのだ。決して激しい悪臭というわけではないのだが、いざ口に入れるとなるとおっかない。できる限りの対策を施したかったのだ。

ペイシャーダは基本的に水と油を使わない料理だそうだ。しかし今回は汁気が欲しかったので水を少々足した。また、ココナッツミルクを使ってこってりまろやかに仕上げるのがポピュラーらしいが、

ペイシャーダ作りはまず魚をネギ、タマネギ、パセリのみじん切りと唐辛子などのスパイス、それからレモン汁で和えるところから始まる。

ストックバッグなどに移し、そのまま一晩寝かせる。

タマネギとトマトを底に敷いた鍋に移し、ピーマンなどを加えて火にかける。

プレコの味が分からなくなってしまいそうなのであえて投入しなかった。一晩かけて臭いを徹底的に消そうとするくせに、今度は「素材そのままの味を〜」ときたもんだ。我ながらずいぶん調子のいいことである。

異国の料理ということで身構えてしまったが、いざ作ってみるととても簡単だった。魚と刻んだ野菜を火にかけるだけだもんね。

しかし「カスクードのペイシャーダ」と言えば何やら小洒落た印象だが、実際は川で適当に掬った魚を適当にさばいて適当に煮ただけである。カタカナにだまされてはいけない。これはペイシャーダ改め「プレコのスープ」いや「マダラロリカリア汁」なのだ。

魚？　鶏？　いや、やっぱ魚…？

では早速試食してみよう。

あっという間に完成。好みでピメンタ（唐辛子）を漬けた酢やタバスコを振って食べるとか。

とりあえずスープは問題なくおいしい。程よくダシは出ているが、懸念していた臭みは滲出していないようだ。

いよいよプレコそのものにさじを伸ばす。においを嗅いでみても臭みはさほど感じられない。不安は拭いきれないが、希望も見える。両手で直接つかみ、思い切ってかぶりつく。

……案外悪くない。言いたいことはいろいろあるが、まず一言述べるならこの感想だろう。詳しくは一つずつ順に語っていきたい。

とりあえず臭みについては「部位による」といった感じだ。身と皮の境目、それからいわゆる「ハラス（お腹）」の部分には確かに少々泥臭さを感じる。調理の際にもう少し丁寧な処理が必要だろう。だが内側の白身、特に肛門から後方の肉はほとんど臭いがなくおいしい。

具体的にどういう味なのかというと、「ちょっ

火を通すと余計に何の肉か分からなくなった。

と鶏っぽい魚」といった感じである。生肉の状態でもなんとなく見た目が鶏肉に似ていたが、まさか味までとは。魚にしては骨と肉の離れも異様に悪く、鶏の骨付き肉を連想させる。けれどきちんと魚らしい旨味もあるので、何を食べているのかよく分からなくなる。ほぐした身を知らずに食べたら魚だと断言できないかもしれない。そんな食味だ。

プレコは蟹の味？

と、ここまでのレポートをウェブに掲載した数カ月後に実際にアマゾンでプレコを食べてきたという方と出会い、話をすることができた。その方が言うには、現地住民が作るプレコのスープは川魚の風味に加えてカニのような味わいがあり、なかなかの美味なのだそうだ。

えっ、カニ……？　うーん、僕はそういう味を感じた記憶はない。調理法も似通っているようなのだが、どこで差が付いたのやら。

まず考えられるのは使用した種の違いである。プレコの仲間はかなり種数が多く、生息域も澄んだ冷たい水が流れる渓流から、濁った水が淀んでいる下流域までさまざまである。水質も食べているものも、アマゾンと沖縄の都市河川では異なっているだろう。そういった諸々の差異が味に表れていても何ら不思議ではない。

もう一つ考えられるのは調理に際して皮を除いたか否かである。僕は解体の段階で丁寧に殻のような皮を剥がしていたが、彼にスープを振舞った現地人はそんなことはせずに皮ごと鍋に放り込んでい

たというのだ。魚の皮と身の間と言うのは臭みが溜まりやすい。だからこそ僕も頑張って取り除いたわけだが、同時に皮は風味の決め手となる場合もある。皮を剥いだウナギの蒲焼きなど物足りないだろう。

これは改めて皮つきの料理を作って確かめる必要があるのではないだろうか。

皮つきで素材本来の味が分かる料理……ということで丸焼きにしてみた。我ながら雑な発想だと思う。ただ、丸焼きとは言うものの、さすがにあの内臓を残したまま焼くのは怖かったので、腹の中は綺麗に洗い、代わりに臭い消しのローズマリーを詰めた。

こんがりと焼けた皮をつかむと、バキバキと音を立ててはがれる。この手の魚はやはり丸焼きが食べやすい。

食べてみるとやはり鶏ももと白身魚の中間の

マダラロリカリア（プレコ）の丸焼き。

ような味と食感。基本的にはペイシャーダに準じ、カニっぽさは感じられない。だがエキスがスープに流れていない分、こちらのほうが魚肉の味は強い。ローズマリーの香りで臭みも消えており。なかなかいける。

ただ、ハラスは死ぬほど苦かった。真似する人は気を付けて。

プレコを食べろとは言いませんが!

最後に話は変わるが、十年近く前、僕が初めて沖縄を訪れた際に最も衝撃を受けたのは海の青さでも、ちゃんぽんが丼物であることでも、女子高生が裸足にローファーを履いていることでもなく、そこら中の池や川に立派なプレコがいることだった。

それから沖縄本島のあちこちで無数のプレコを見ているうちにふと、「誰も見向きもしない

甲冑を外していくと柔肌が。

けど、食べたらどんな味なんだろうなー」と何度も思った。そして「こういう記事を書くことで、ちょっとでも沖縄の外来魚問題について知ってもらえると幸いであるなー」と思い、実行に踏み切った次第である。

プレコ、沖縄になじみすぎ

そういえばこれまでに「えっ、プレコってもともと沖縄にいる魚じゃないの？」とのたまう沖縄人にも少数ながら出会った。そのたびに「いや、プレコってどう考えても日本の魚の名前じゃないだろう」と思ったが、ハリセンボンをアバサー、ハゼをイーブー、ハタをミーバイと呼ぶ沖縄なら、ないとは言いきれないのかもしれない。

そして、プレコ以上に沖縄になじんでしまっている魚が「ティラピア」。次はお前の番な。

だってさー、その辺の池や川で投網を一発打ったら、こんなことになるんだもん。

あれっ、意外といける!?

アフリカから来た「泉の鯛」

本日の食材

モザンビークティラピア

（カワスズメ）

学名

Oreochromis mossambicus

分類

スズキ目 カワスズメ科

原産地

アフリカ、中東

要注意外来生物

ティラピアってこんな魚。なるほど、ちょっと鯛っぽい。

ティラピアという魚をご存じだろうか。アフリカ原産の外来魚で、ナイルティラピア、モザンビークティラピア（カワスズメ）、ジルティラピアの三種がいる。いずれも食用魚として持ち込まれたが食卓には受け入れられず、今では日本各地の温泉地や温排水の流れる川に野良ピアとして棲み着いている。

酷い話であるが、聞くところによると導入当初は「淡水魚なのに姿も味も鯛にそっくり！」ということで「イズミダイ」という素敵な名前で売り出されたというではないか。そりゃ美味そうだ。食べてみよう。

沖縄では獲り放題！

先ほども書いた通り、ティラピアが国内で暮らせるのは基本的に温泉地や温排水の流れる川に限られる。それはこの魚たちの故郷が温暖なアフリカの河川や湖であるためだ。

だが、日本でもこの魚が場所を選ばず、のさばり放題になっている地域がある。南西諸島だ。特に沖縄本島でのティラピア類の繁栄ぶりには目を見張るものがある。目を覆いたくなるほどに。

那覇市のど真ん中を流れる都市型河川に群れているかと思えば、原生林に囲まれた清流にまで姿を見せる。沖縄の川や池を覗くと最も高確率で目にする羽目になるのがこのティラピアなのだ。

なぜこんなことが起きるのかというと、ティラピアは低水温に弱い点を除けば環境への適応能力が規格外に優れているためである。

高水温にも負けないし、酸欠にも強い。挙句の果ては海水にすら適応できると言うから驚きである。現にオーストラリアなどではサンゴ礁にまでティラピアが棲み着いているらしい。

ところでこの特性を生かして世界中で食用魚として養殖されているティラピアだが、残念な

うじゃうじゃいるなあ…。沖縄の川ではどこでもこんな状態。野良ピアである。

がら日本ではあまり歓迎されなかった。イズミダイなんて立派な名前も付けたのにだ。しかし、持ち前のタフネスで野良魚としてしぶとく生き残ったというわけである。

せっかくだから綺麗な川で獲ろう

しつこいようだが、ティラピアは沖縄ならどこにでもいくらでもいる魚だ。その気になれば沖縄の玄関口である那覇空港へ降り立ってから数十分で釣り上げることも十分可能だ。

だが、どうせ食べるなら都市部を離れた綺麗な川で獲れたもののほうがいい。そんなわけで僕は沖縄本島北部の清流へと向かった。

本島北部の川はどこも水が綺麗なので、ティラピアがいればすぐにわかる。しかも誰も釣ったり捕まえたりしないので人間をあまり警戒しない。つまり沖縄本島内でも輪を掛けて釣りや

沖縄のありのままの自然を残す清流……に見せかけてティラピアはばっちりいる北部の川。

すいというわけだ。

餌はエビの細切れやミミズがベストだが、魚の切り身でも魚肉ソーセージでも、よっちゃんイカでもなんでもいい（ちなみに那覇市内など、街中の川にいるティラピアは食パンが大好き）。適当な餌を適当な釣り針に刺して、ティラピアの群れの中に適当に放り込もう。

めちゃくちゃ簡単に釣れる

するとたいてい、即、釣れる。楽勝。一発。何のドラマもありはしない。釣り堀よりも簡単に釣れてしまう。

ティラピアの見た目はこれといった特徴のない「普通の魚」といった印象である。強いて違和感を覚える点を挙げるなら、川魚というより海の魚っぽいところだろうか。クロダイあたりに少し雰囲気が似ている気がする。なるほど、イズミダイと名付けられたのもちょっとだけ納得。

ちなみに今回釣れたのは、近年はカワスズメという名前で呼ばれることが多くなったモザンビークティラピアだった。

この一匹を皮切りに、あっという間に計三匹のモザンビークティラピアが釣れた。本当にあっという間だ。那覇からこの川までの往復に五時間以上かかってしまったのに、釣りに費やした時間はものの一〇分足らずである。

さて、粘れば粘っただけ釣れそうな気配だが、そんなに釣っても食べきれない。早々に切り上げ、

これはクロダイ。ティラピアも見た目の雰囲気は似ているが味はどうだろう。

婚姻色でヒレのエッジが赤く染まっているモザンビークティラピアのオス。同じ種でも雌雄や成長の程度で外見が大きく異なる。

疑似餌でも釣れる。もはや餌すらいらないのだ。これは全長40センチと沖縄のティラピアにしてはそこそこ大物。

新鮮なうちに料理してしまおう。

　さばきながらふと思う。この魚はかなり均整のとれたプロポーションをしている。魚のさばき方の基本を学ぶのにうってつけだ。

　うむ、これでもしおいしかったら、今度から沖縄に来たらティラピアをさばきまくって魚料理を練習しよう！

　三枚おろしにすると内臓の臭いが気になったが、身の色はとてもきれいで味にも期待が持てそうに思えた。

　とりあえず「素材の味」というやつも確認しておきたい。一匹は内臓だけ取り除いてシンプルな塩焼きにすることに。

　もともと皮が黒っぽい魚なので、尾頭付きで塩焼きにしてもちょっと見栄えが悪くなってしまった。だが料理によって彩りや盛り付けはどうとでもできる。肝心なのは味だ。

死ぬとみるみるうちに色が黒ずんでしまう。さっさと調理にかかろう。

まあ見た目は「ちょっと不細工なクロダイの塩焼き」といった感じなので、特に抵抗なく箸を伸ばせる。身のほぐれ具合も鯛っぽい。いただきます！

……なるほど、食感にも味にも鯛に通じる部分は多い。川魚としては十分においしい部類である。ただハラスの身が臭い。そして苦い。しっかり内臓を取って洗ったのに。ここだけが残念である。

それから意外だったのが皮のおいしさだ。川魚は皮が臭うことが多いので警戒していたのだが、全くの杞憂だった。むしろ脂がよく乗っていて、むっちりとした食感が素晴らしい。ティラピアは皮こそ食べるべきだなと思った。

さばき方から間違っていた!?

さて、なかなかポテンシャルの高い魚である

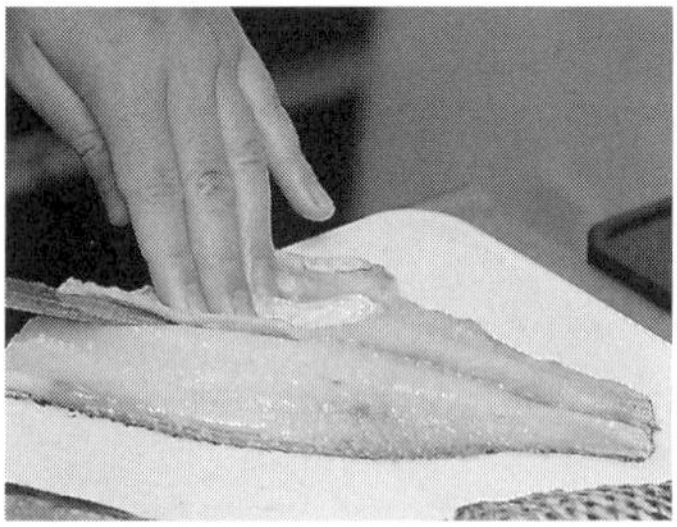

肉の色はきれいで、やはり鯛に似ている。

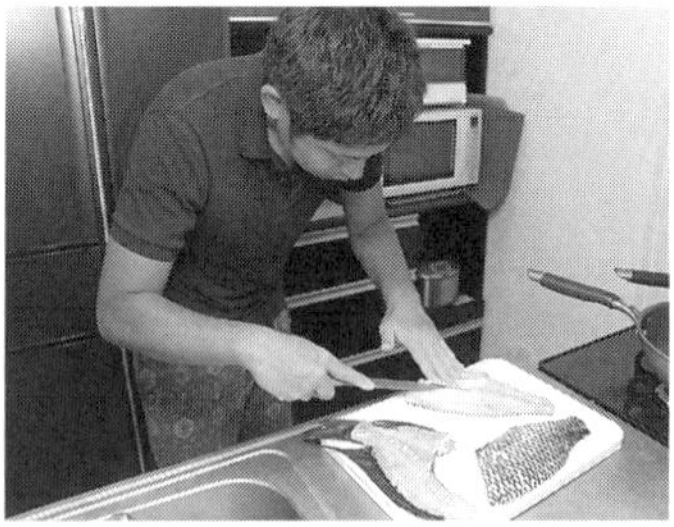

三枚おろしの練習にちょうどいいな…。

でも内臓やうきぶくろが詰まっているスペースがやけに大きいのがちょっと残念。

ことは分かった。問題はお腹の肉である。

打開策はないものかと訪ねた先は、台湾料理店「青島《チンタオ》食堂」。そう、鶴見川で捕獲したカミツキガメを素晴らしい鍋料理へと変貌させた、あの店である。まあ、僕は食べそこねてしまったのだが。ご主人の比嘉さんは、台湾を中心に東南アジア各国を旅しながら料理を学んだ経験がある腕利きだ。そして、ティラピアは東南アジアでは非常にポピュラーな食材なのだ。おいしくならない理由がない。

少しでも手間が省けるようにと三枚におろした状態で持ち込んだのだが、ここで驚愕の一言が。

「綺麗におろせてるけど、ティラピアでこれはやらないほうがよかったね〜。」

ええっ⁉

詳しく話を聞くと、泥の中の有機物や藻類を

ティラピアの尾頭付き。ちょっと顔が怖い。

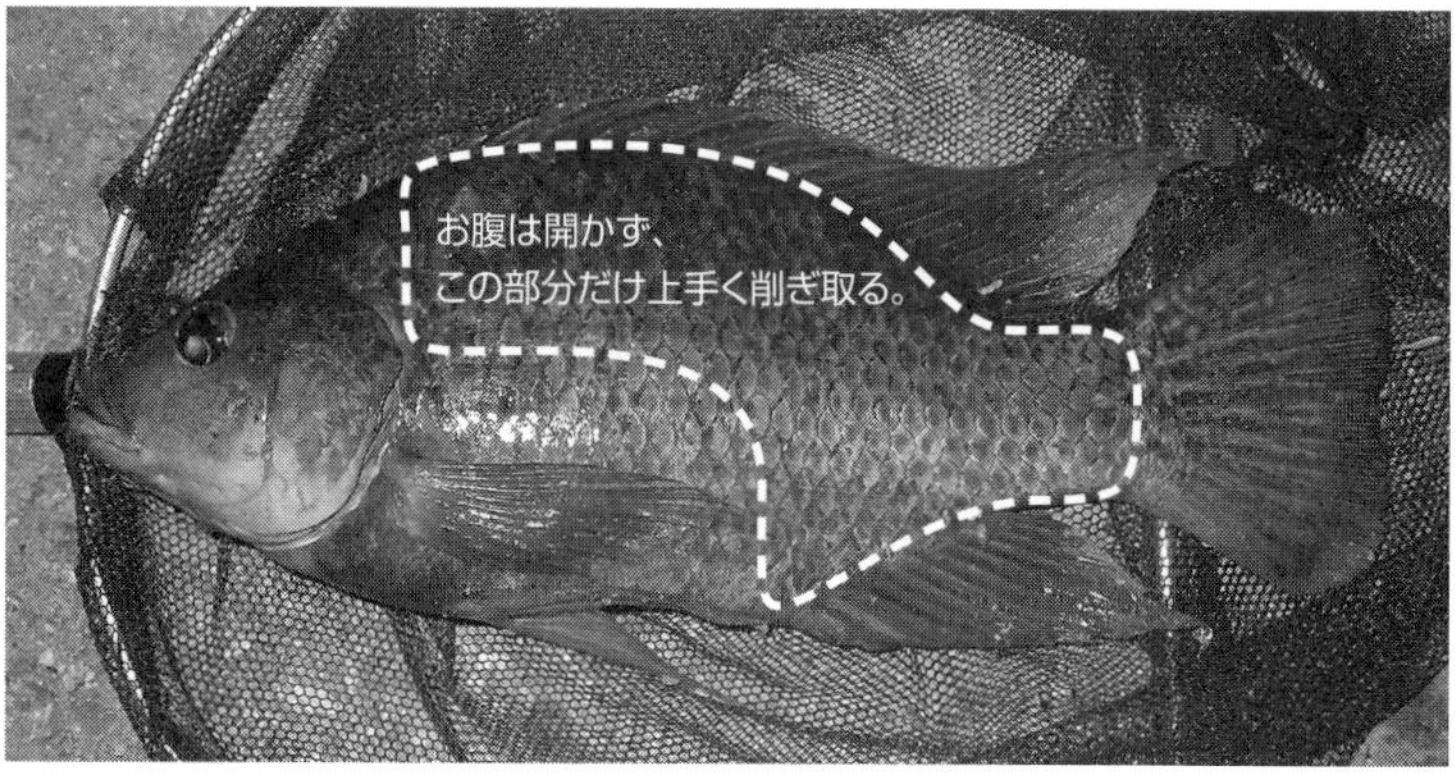

こういう感じで肉を取ってやると臭いを軽減できるらしい。

食べるティラピアは内臓の臭いがキツく、腹を割いて取り出す時に少しでも傷がつくと身にまで悪臭が移ってしまうらしい。

それを防ぐためにはウロコを落としたら腹は開けずに肉の部分だけを削ぎ取るという変則的なおろし方をするのがいいそうだ。そういえば、霞ケ浦の漁師さんも、同じく泥を食む外来魚であるアメリカナマズを調理する際はそのようにさばくのだと言っていた。

だが、丸のままのティラピアはもう手元にない……。どうしようかと思案していると、

「うん、でも大丈夫。なんとかなるよ〜。」

と頼もしいお言葉！　先ほどの塩焼きのような料理は厳しいが、スパイスを上手く使ったエスニック風のメニューなら、この状態からでも十分おいしく仕上がるという。

ほどなくして完成した料理が運ばれてきた。ヘチマとティラピア、そして各種香辛料をふんだんに使ったエスニックすぎる雰囲気のメニューだ。ティラピアにヘチマ。どちらも僕の中では泥臭い、あるいは土臭いイメージの食材なのだが大丈夫なの

ティラピアとヘチマの東南アジア風カレー。

か。恐る恐る口へ運ぶ。

……美味い！　全然臭くない！　ご飯が進む！

八角をはじめ、スパイスの香りがバランスよく効いていてとてもおいしい。そして、素人の調理とプロの手にかかるのとではこんなにも差が出るのか！　と、ちょっと悔しくも思った。

しかし食材のティラピアは無限に釣れるのだから、この腕前があればあのおいしいカレーが食べ放題になるわけだ。ああ、料理の修行をして沖縄に移住しようか。

正しく料理すればとてもおいしい魚だった

わざわざアフリカから食用魚として導入されたのに、魚屋やスーパーに並ばず池や川にあふれるティラピア。誰も食べないということは日本人の口に合わなかったのではとも思ったが、実際に食べてみると決してそんなことはなかった。調理する人の腕と工夫次第で絶品料理になり得る魚だったのだ。いや、それって実はティラピアに限らずほとんどの外来魚に言えることなのかもしれないな。

美味すぎて悔しい！　プロってすごい！

顔はワニ、味はトリ

本日の食材

アリゲーターガー

学名

Atractosteus spatula

分類

ガー目 ガー科 アトラクトステウス属

原産地

北アメリカ、中央アメリカ

滋賀県・佐賀県の条例指定種

博物館に展示されていたアリゲーターガーのはく製

「アリゲーターガー」という魚がいる。成長すると全長二メートルを超える大型淡水魚だ。もちろん外国原産の種なのだが、その化け物みたいな魚は、残念ながら日本でも度々捕まっている。

東京にもいる。横浜にもいる

ガー、あるいはガーパイクと呼ばれる北・中米産の魚たち。

魚雷のように長くとがった体型、鋭い歯。そして太古の生物を彷彿とさせる独特の雰囲気を持ち、ここ日本でも観賞魚として人気者になっている。

しかし最近、日本各地の河川や湖沼でこのガーたちが目撃あるいは捕獲される例が増えている。とても大きく育つ魚なので、持て余して捨ててしまう飼い主が後を絶たないのだ。

中でも超大型になるアリゲーターガーは、まだかわいい赤ちゃんがとても安価で買えてしまうのだが、あっという間に一般家庭では手に負えないサイズに成長する。そのため捨てられやすいのか捕獲例が多い。東京でも多摩川や呑川《のみかわ》などで近年相次いで捕らえられ、新聞やテレビで頻繁に報道されている。で、最近この魚が横浜のある川でも目撃されているらしい。街中を流れる鶴見川という川である。いざ出向いてみると、日中の川原には付近にお住まいの方々がウォーキングやキャッチボールなどを楽しんでいる姿が目に付く。のどかだ。ガーなんかがいる川辺の風景とは思えない。

釣り人から情報を集める

さて、初めて訪れる川である。手元には「アリゲーターガーがいるらしい」という情報しかない。獲物がどこにいるのか、どうやって捕まえればよいのか。街中の水辺でそのヒントを求

鶴見川はれっきとした一級河川。横浜といえば港町というイメージだが、立派な川もあるのだ。

めるのにうってつけなのが「アマチュア漁師」とも言える存在である釣り人だ。水面を覗いて回る前に、彼らを探してお話を聞かせてもらう。

結果から言うと、とりあえず情報は意外なほどたくさん集まった。

目撃者は多数。釣り上げた、あるいは針に掛けたけど逃げられたという釣り人も複数いることが明らかになった。その時の状況はというと、

・針に掛かった小魚を仕掛けごと横取りしていった。

・泳いでいるのが見えたのでルアーを投げたら釣れた。

・気づいたら足元にいたので、生きたハゼを落としたら襲いかかってきた。

などというものであった。

いずれの例も最初から準備万端で狙っていたわけではなく、他の魚を釣っている最中にたまたま遭遇してしまったらしい。

ただ、すべてのケースでアリゲーターガーは動いている餌またはルアーに反応しているので、「捕まえたいなら生きた餌を使って釣るのがいいのでは」というアドバイスもいただいた。

また、この川には確実に複数匹のガーが生息しているらしい。大きなものでは一二〇センチほどのものと一五〇センチほどのものがおそらく一匹ずつ、小さなものでは四〇センチから八〇センチほどのものが最低でも数匹はいるというのが、釣り人たちの見解である。

なお、一メートルを超える大型個体はやや下流でコイやハゼを狙う釣り人を中心に目撃されており、

彼らの間では「丸太ん棒みてえにデカい魚」として共通認識されていた。一方、数十センチ台と小型のものは、もう少し上流でバス釣り愛好家たちに多く目撃されていた。ただし、いずれも神出鬼没であるらしい。また、ガーの姿をよく見かけるのは夕暮れ以後であるということだったので、今後は日没後を中心に探っていくことにした。

いきなり目撃！

鶴見川初訪問は釣り人と雑談して、川沿いをひたすら歩いて地形を把握しただけで終わった。ガーの姿こそ見られなかったが、いろいろと有意義な情報を得られた。待っていろ「丸太ん棒」。ここから確実に追い詰めてやるぞ。

そう思いながら駅へと向かって歩く途中、ふと川に掛かる橋から水面を見下ろすと……。いた。ガーがいた。

五〇センチくらいのガーが五匹、群れて回遊している。

水面を泳ぐガー達を十秒くらい呆然と見ていた。群れが方向を転換し、視界から遠ざかろうとした時になってようやく「あっ、写真撮らなきゃ！」と気づく。しかし、焦って手が震えてカメラの準備にもたつき、結局その姿をＳＤカードに収めることはできなかった。

なんにもできなかった……。という後悔と同時に、外来種問題への嘆きやら捕獲成功への期待やらが入り混じった興奮がこみ上げてきた。

ところで、今見えたガーの種類は何だろうか。小さかったが、頭の形状や体色から判断すると若いアリゲーターガーである可能性が高いように思う。いや、より小型の「スポッテッドガー」という種類かもしれない。興奮時の記憶はあまり当てにならないし。これはやはり捕まえて確かめるしかなさそうだ。

一週間後、改めて釣竿を持って鶴見川を訪れた。前回群れの姿を拝んでいるのでもう釣ったも同然という気分になっている。足取りも軽い。

釣り場に着いたらまずは餌を調達しなければならない。ブルーギルを釣るのだ。

これがものすごく面倒くさい。いくらでも簡単に釣れるだろうと甘く考えていたのだが、どうして意外と難しい。ブルーギルは昼行性なので、餌を確保するためだけに日没前に現地入りする必要が出てくる。特定外来生物なので、よ

これがスポッテッドガー。全身にまだら模様があり、ガーの中では最も小型。

そから運んでくるわけにもいかない。釣った後、生かしておくのも大変だ。その後しばらくはこの餌問題に悩まされた。

なぜかカミツキガメを捕獲

その後数カ月間、何度も川に通ったが結果は出なかった。だがインターネットを駆使してガーの生態や釣り方を調べていると、アメリカの釣り情報サイトに「ガーは川底の死肉も漁るから、餌は魚のぶつ切りでもいいよ。」と書かれているのを発見。これを機にブルーギルを追いかけ回す苦行から解放され、代わりにサンマやイワシを持ち込むようになった。

ところで、鶴見川を訪れるたびに釣りと並行して聞き込みも精力的に行った。その中で何度か「鶴見川にはカミツキガメが現れる場所がある。怖いからなんとかして」という話を聞いた。ちょっと気分転換に捕まえてみようかと思い、噂のポイントにサンマの切り身を投げ込むと本当に釣れてしまった。鶴見川でカミツキガメが目撃・捕獲されたという話は聞いたことがなかったが、やはり地元の釣り人は川の生き物事情についてよく知っているものである。

だが、問題は本命のターゲットたるアリゲーターガーである。カミツキガメも今回はあくまでおま

餌のブルーギル。現地調達、現地消費。

サンマの切り身ならスーパーで買える!

け、余興、副産物に過ぎないのだ。

そして一年が経過した

鶴見川に足繁く通い始めて一年近くが過ぎた。初めて目撃した日以来、ガーの姿は見ていない。あの日はたまたま運が良かったようだ。そういえば、かさばる装備を長距離運搬するのに嫌気がさし、横浜に月極めのロッカーまで借りたのだった。

ちなみに、一年間の自宅―横浜間の交通費をざっと計算すると、オフシーズンならちょっとした沖縄旅行ができそうな額になった。実際はこれに宿泊費、食事代、餌代、ロッカー代などが加わるのだが、自分を保てなくなりそうなので考えないことにする。

しかしその間にも、鶴見川でアリゲーターガーとスポッテッドガーが一匹ずつ釣り上げら

残念、ナマズでした。

れたという情報が入った。そうか、やっぱりこの川にはスポッテッドガーもいるのか。ということは最初に見つけた群れはスポッテッドガーだったのだろうか。どちらにせよ釣り上げたい。

しかし悔しい。ガー捕獲への情熱なら負けてないつもりなんだけどなー。それを証明するためにはまた横浜へ通うのみ。

そんなある晩、ついに仕掛けが引っ張られた！　川の中で何かがバタバタと暴れる！　勇んで岸へ引き寄せると、そこには見慣れた姿が……。ナマズである。ナマズは個人的に大好きな魚だ。川にブラックバスやブルーギルが泳いでいると悲しくなるが、ナマズの間抜けな顔が見えるととても嬉しい。

「日本の川だなー！」と思える。

でもちょっと～。このタイミングは違うでしょ～。空気読んでよ～。

ついに釣れた！ アリゲーターガー

後日、季節外れに冷え込んだ晩。またも仕掛けが引っ張られる。しかしあまり大きな魚ではなさそうなので、「またナマズかな……」と大して期待もせず釣り糸を巻く。

だが妙だ。ナマズはバタバタとその場でもがくように暴れて抵抗したのに対して、この魚は「キューーーン！」と対岸へ向けて一直線に走ろうとする。ナマズじゃない…？　じゃあ…!?

細長いシルエットが水面に見えた。なんとかタモ網に収めたが、興奮しすぎてその前後の記憶が実はあいまいだ。

これがアリゲーターガー。これでも小さい。

網の中で暴れるのは間違いなく小型のアリゲーターガー。「丸太」には程遠い。せいぜいおもちゃのバットといったところ。でも嬉しい。

アリゲーターと名が付くだけあって、確かにワニなどの爬虫類に通じる雰囲気がある。特に上下から見た頭の形はワニによく似ている。

そしていろいろと硬い。頭や顎の骨はカチコチだし、全身を覆う鱗も一枚一枚が小石のように硬くて腕の中で暴れられるとけっこう痛い。

正直に言うと、間近で見てみるとすごくかっこいい魚だなと思った。飼ってみたくなる人の気持ちもわかる。だが飼いきれなくなって野外に密放流するのはやはりいただけない。

逃がす？ 飼う？ 否、食べる！

さあ、なんとか捕獲まではこぎつけたが、この獲物をどうするか。また川に放すわけにもい

口の周りはカッチカチ。よく釣り針が刺さったもんだ。

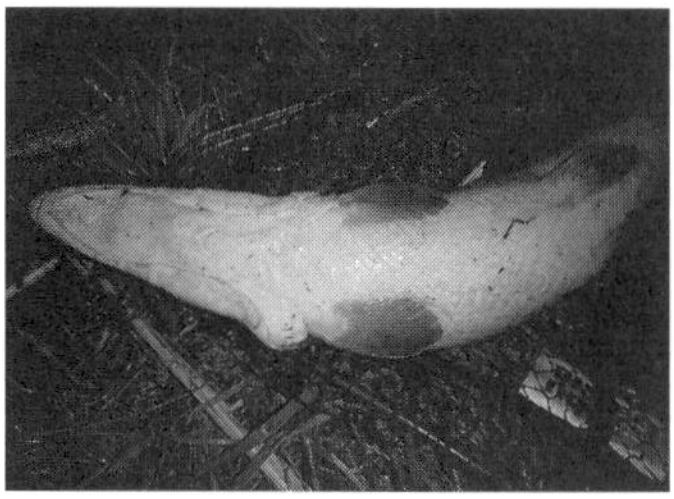

裏返すと真っ白。ヒレがある点以外は魚っぽくない。

魚雷というかミサイルというか。個性的なシルエット。

口の中には細かいが鋭い歯が二列に並ぶ。

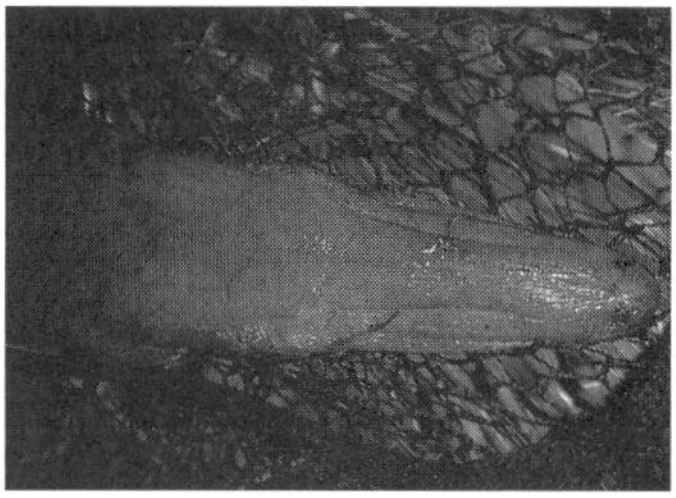

頭の骨格のつなぎ目が見える。

かないし、かと言ってこんなに大きな魚を責任持って飼ってやることもできない。ならば食べるしか取るべき手段はなかろう。どんな味か気になるし。

まずは料理の下ごしらえ。もちろんアリゲーターガーなんて料理した経験はないが、所詮は魚だし、どうとでもできるだろう。とりあえず下ごしらえとして鱗を落とし、内臓を取り去る。

しかし、ここで早速問題発生。鱗が落とせないのだ！どんなにしつこく頑張っても、どんなに強く包丁の刃を立てても一枚も剥がせない。なんだか鱗の構造自体がちょっと変だぞ。

一般的に魚の鱗と言うものは前方（頭部側）で皮膚とくっついているだけなので包丁で逆撫でしてやれば簡単に落ちる。ところがガーの鱗はガノイン鱗（別名＝硬鱗）という特殊なもので、全体がぴったりと皮膚に密着していて剥がれない。しかも一枚一枚が骨のように硬く分厚い。普通の魚のうろこがスパンコールだとすると、アリ

まな板の上のガー。

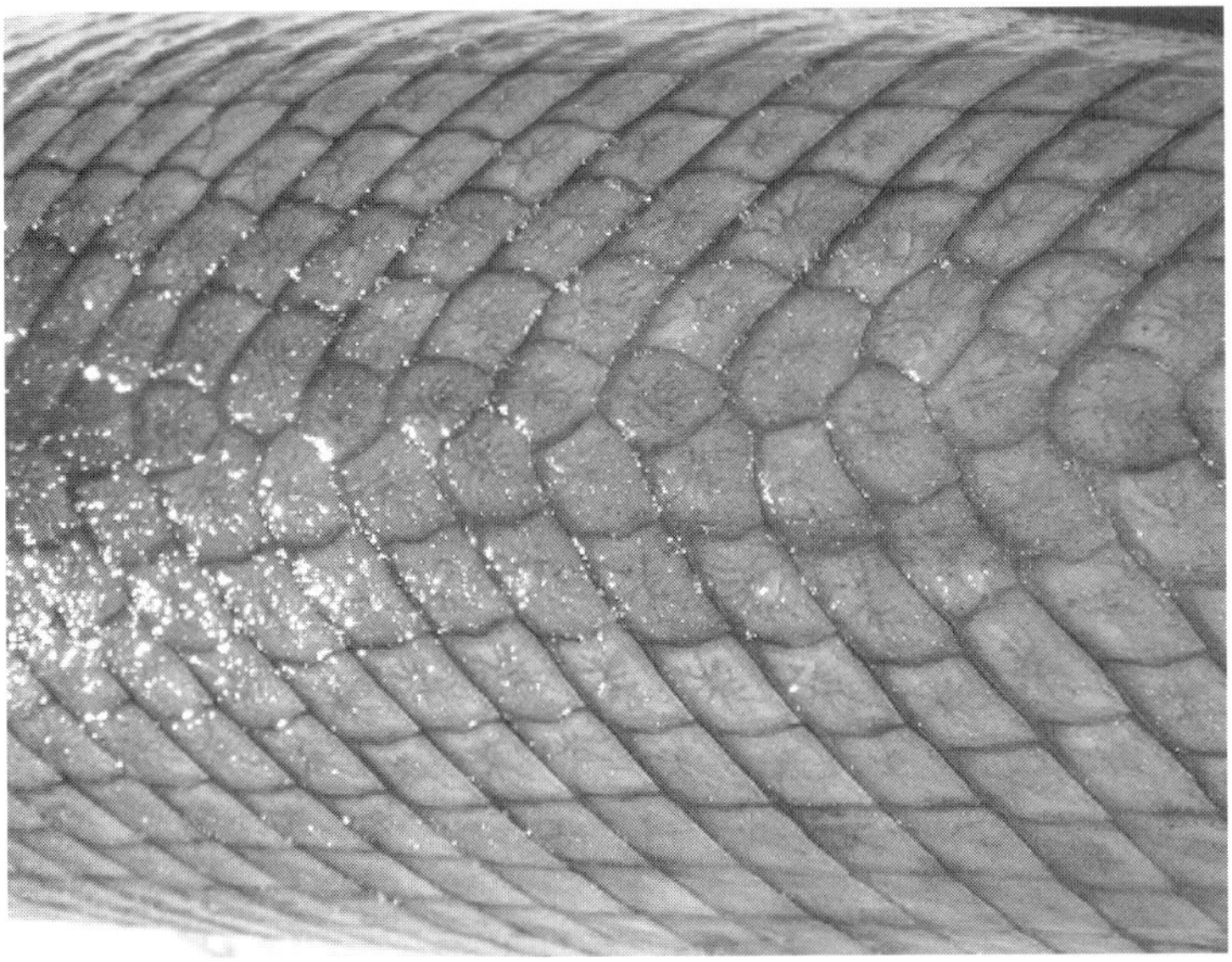

石畳のようにみっちりと隙間なく敷き詰められた「ガノイン鱗」。配列が芸術的。

ゲーターガーのガノイン鱗はさながら石畳なのだ。

仕方ない。あれをやるか。

丸焼きにして丸裸に！

実は先日、実際に原産地であるアメリカでスポッテッドガーを釣って食べたという人物に話を聞くことができた。その人物によると、「ガーは皮が焦げるまでしっかり丸焼きにして、皮をバキバキ割って身を取り出すと食べやすい」とのことであった。

「皮」を「バキバキ割る」というのがピンとこないが、とりあえずやってみよう。カセットコンロに焼き網をセットしたら、あとは直火で丸焼きだ。何と言っても皮が厚いので、身までしっかり火が通るよう、弱火でじわじわ焼かなければならない。

じっくり時間をかけて焼いていくうちにアリゲーターガーの皮に異変が。鱗の並びに沿って亀裂が入ったのだ。よく見ると肉と皮が分離しつつある。めくれた皮を掴んで引っ張ると、バキバキバリバリと音を立てて割れ、剥がれる。「皮を割る」ってこれのことか〜。皮が鱗ごと大きく身から離れてきた。まるでアリゲーターガーが服、いや甲冑を外そうとしているかのようだ。

二時間かけて付きっきりで焼き続け、ようやくでき上がり。ちなみに晴天の下で作業したので僕もよく焼けた。

剥がれかけたガーの皮をめくってみると、ベロォォッと勢いよく剥けた。ここで皮まで分厚く固いことに気付く。これは皮を通り越して「殻」の領域に片足突っ込んでいる印象だ。

頭を固定して皮をズルンと脱がせると一瞬で丸裸になってしまった。ものすごく気持ちがいい。この快感はあれだ。タラバガニの脚の身を綺麗に引きずり出せた時の爽快さに似ている。クセになりそうだが、もう生涯でこの感覚を味わう機会はおそらく二度とないだろう。

魚より七面鳥に近い

さて、いよいよ試食の時である。一体どんな味なのか。どんな食感なのか。

皿に取り分けるためにナイフを入れると、ずいぶんしっかりした手ごたえを感じる。肉質はかなり締まっているようだ。しかし、肉を骨から外す際には白い身がぽろぽろと崩れる。何か変だ。そう、身に脂がほとんどなく、パッサパサなのだ。

カセットコンロを持ち出して直火で丸焼きにする。鎧の中まで火が通るよう弱火でじっくりと。

皮がめくれ上がってきた。

剥けたというより脱げたと表現したほうがいいかもしれない。

「アリゲーターガーの丸焼き」完成!

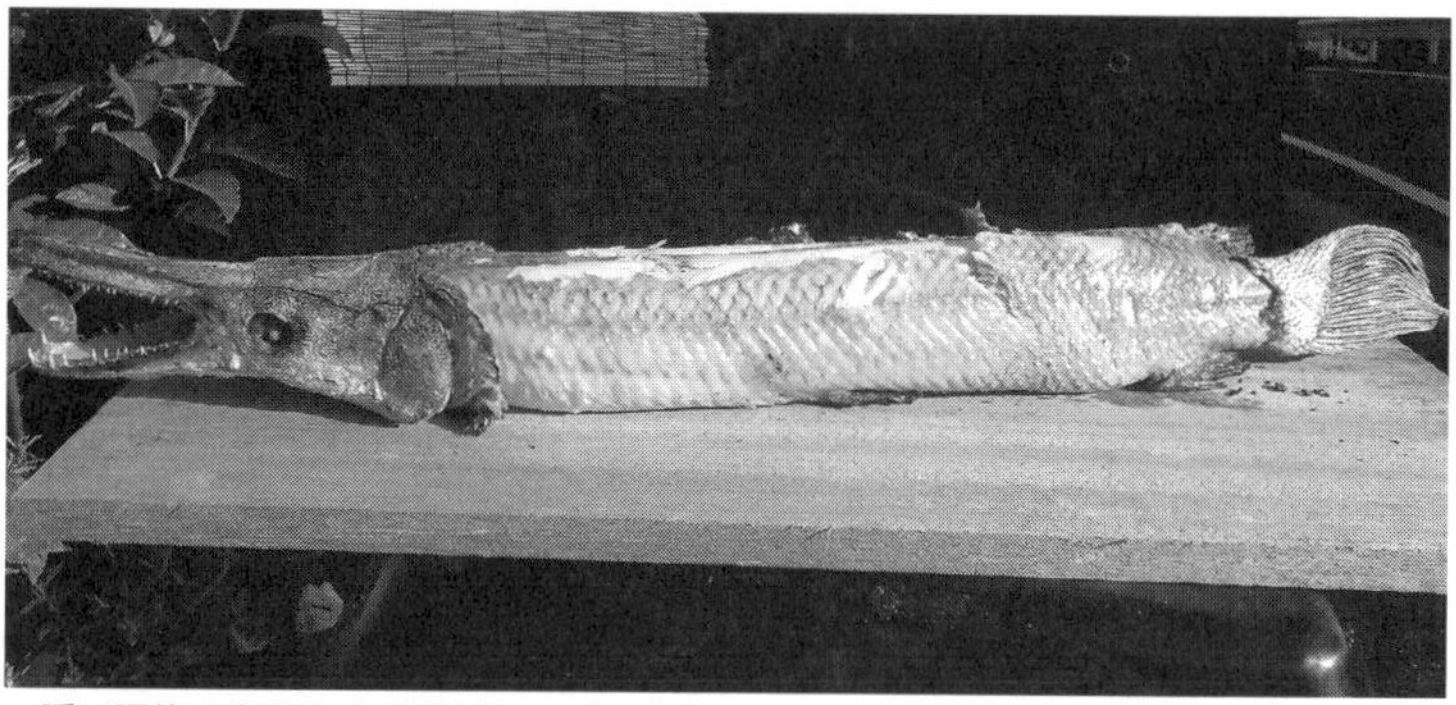
一瞬で胴体の皮がすべて剥ける。スカッと爽やか。

切り分けてみると、なんだか魚肉には見えない。でもこのパサパサした肉。どこかで見た覚えがあるぞ。そうだ、七面鳥の肉だ。

でもまあ、見た目は七面鳥でも味は魚かもしれない。とにかく食べてみようではないか。

……。

食感は魚ではない。脂が全く乗っておらず、極端にパサパサしている。こんな肉はどこかで食べた覚えがある。……やっぱり七面鳥だ。もしくは安い鶏のササミか胸肉だ。「森のバター」やら「畑の肉」のように「川の七面鳥」とか「湖のササミ」といったあだ名をつけてやりたい。まさか魚なのに食感は鳥類だなんて。かなり意外である。

では味のほうはどうか。……残念ながら脂と同じく味もやけに薄い。しっかり噛みしめると確かに魚の風味は感じられるが、非常に味気ない。要約すると「ぼんやりと魚の味がするパサパサの鳥肉」である。

そんな味気ないものを大量に食べ続けるのはさすがに辛い。そこで味と脂と色どりを補う目的でサルサやニンニクマヨネーズを添えてみるとグッとおいしく、そして食べやすくなった。素朴な食材だけに調理法と味付けの工夫が重要ということだろう。

さて、アリゲーターガーの肉は脂も少なく、味わいも薄く、強いてポジティブに言えばクセのない食材であることがわかった。

しかし皮と肉の境目の身には川魚特有の臭み

身はすごくパサパサ。ナイフで切り分けてもポロポロ崩れ、ジューシーさのかけらもない。

サルサ&ニンニクマヨネーズ添え。アリゲーターガーを食らう際は、油脂分と味わいを補うべし!

があった。ここにだけは淡水魚らしさを垣間見ることができた。

横浜産アリゲーターガーの食材としての総評は正直なところ「まあ食べられる」という程度であった。残念ながら、個人的にはまた食べたいとまでは思えなかった。僕はアリゲーターガーよりは七面鳥や鶏肉のほうがいい。

繁殖している? していない?

時間はかかったが、なんとか無事にアリゲーターガーを手にすることができた。ついでに口にすることもできた。ほぼ満足だが、欲を言うならやはり「丸太ん棒」も仕留めたかった。

ところで、鶴見川のアリゲーターガーは繁殖までしてしまっているのだろうか。もし今回釣ったのが「丸太ん棒」たちの子どもだったとしたら…? 考えたくないことだが、今後もちょくちょく様子を見に行く必要がありそうだ。

テキサス州で釣り上げられた「丸太ん棒」サイズの個体。こんなの釣ってみたかったなぁ。（写真提供：藤田健吾）

手元には頭が残った。せっかくだし干して記念にとっておこう。

魚とは思えない……。

見た目はミニチュアムール貝

本日の食材

カワヒバリガイ

学名

Limnoperna fortunei

分類

イガイ目 イガイ科 カワヒバリガイ属

原産地

東アジア、東南アジア

特定外来生物

（カワヒバリガイ属の全種）

カワヒバリガイというムール貝によく似た中国原産の淡水産二枚貝がいる。日本へは船のバラスト水に混じって侵入したとされている。

食用にするという話は聞かないが、姿が似ているならきっと味だってよく似ておいしいに違いない。今回はこの貝を採集して食べてみたい。

激流探索行

というわけでカワヒバリガイを捕まえるためにやってきたのは京都を流れる宇治川。周囲の緑が深くてとてもきれいな川だ。

よし早速、川に入って貝を探そう！　と思うも、前日に雨が降ったおかげで流れが速い！うかつに入ったら確実に水難事故だ。実際、あちらこちらに注意を促す看板が立っている。

しかたがないので、流れの緩やかな場所を探して川沿いを歩き回ることに。街並みはきれい

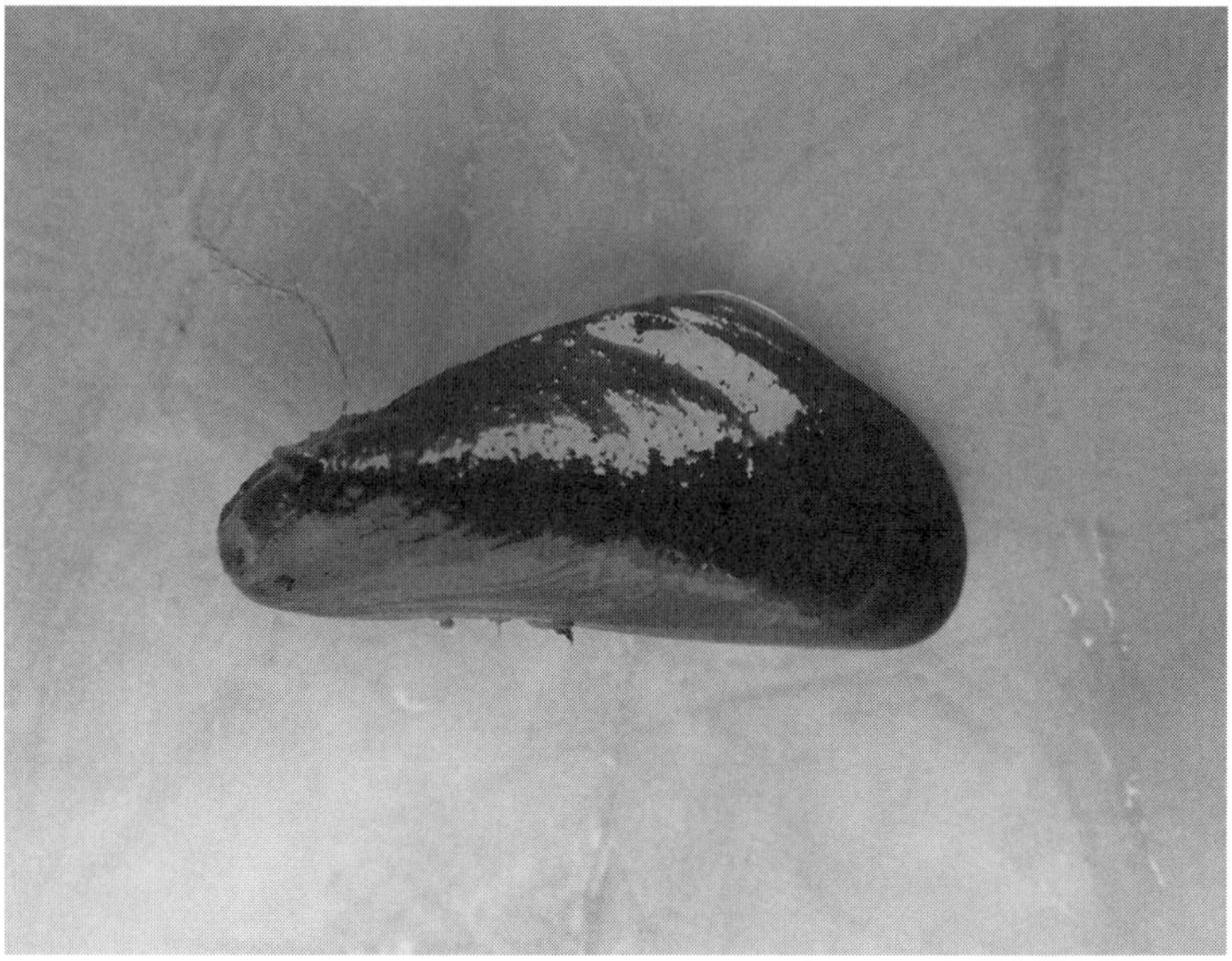

これがカワヒバリガイ。ね？　ムール貝っぽいでしょ？　形だけは。

だし川の水も澄んでいる。緑が多いからか空気もおいしい。とても雰囲気が良いところだ。

あまりに良い川なので、貝探しの合間にちょっと釣竿を出してみると、日本最大のナマズであるビワコオオナマズが釣れた。子どもの頃から見てみたかった憧れの魚なのでとても嬉しい。それにしても、こんな激流の中にナマズがいるとは……。

おっと、ビワコオオナマズを観察できた喜びで本来の目的であるカワヒバリガイ探しを忘れかけていた。いかんいかん。改めて流れの穏やかな場所を探そう。

発見！　が、小さい……。

上流へ遡るうちに、いい感じに流れの緩い支流を発見した。ここなら貝も暮らしやすそうだし、見つけたら安全に捕まえることができる。

駅を出てすぐに川が見える。

想像よりはるかに風光明媚な場所だった。

ふと足元を見るとムール貝に似た二枚貝の殻が転がっている。これ！　これこそ探し求めていたカワヒバリガイだ！　やっぱりこの辺りにいるぞ！

防水デジカメを岸際に沈めると、岸壁の隙間に身を寄せるカワヒバリガイが確認できた！　やったー、やっと見つけた！　早速捕まえてみよう。

カワヒバリガイは岸壁に固くくっついているため、逃げられることはない。しかし「足糸《そくし》」という器官が岸壁に根を張るように絡みついており、引きはがすのが案外大変だった。それでもなんとか一〇分ほどかけておよそ七〇個を採集することができた。

「そんなに採って食べられるの？」という声が聞こえてきそうだがご安心を。この貝、ものすごく小さいのだ。シジミにも及ばない。

あっ、これだ!

一円玉と比べてもこのサイズ。
（ほぼ原寸大）

本物のムール貝と並べてみると、形こそ似ているがその差は歴然。ボリューム感が全然違う。ちなみにこの貝もまた、「特定外来生物」に指定されており、生かした状態での運搬が禁止されている。

そのため、その場でさっと加熱処理してから持ち帰った。

調理、試食。

さて、いよいよ試食だ。せっかくなので本物のムール貝と食べ比べをしてみよう。

ムール貝といえばやはりこれだろうということで、メニューはパエリアにした。初めて作ったのでちょっとみすぼらしい見た目になったが、ムール貝の深い味わいが効いておいしかった。二枚貝ってなんでこんなに味が濃いんだろうなー。これはカワヒバリガイにも期待できそ

10分あまりでこれだけ集まった。

ムール貝のパエリア。

カワヒバリガイのパエリア。

うだ。

ワクワクしながらカワヒバリガイのパエリアを作ってみたが、小さすぎてどれだけたくさん盛りつけても存在感がない。とにもかくにも口に運んでみよう。さあ、お味のほうは？

……無味！

食感だけはシジミのようだが、肝心の味がしないのだ。なんだこれは。ひょっとするとパエリアにしたことで旨みのエキスが煮汁に溶けだし、他の具材の味にかき消されてしまったのか？

ならば！　ということで、オリーブオイルでさっと軽く炒めてみた。これなら素材の味そのままであろう。と、自信を持ってほおばるも、やっぱ全然味しねえ。ほとんどオリーブオイルの香りしかしないのだ。貝そのものはほぼ無味である。貝独特の味わいもほんのりとは感じら

カワヒバリガイのオリーブオイル炒め。

れるのだが、それも微々たるものだった。

二枚貝ならなんでも濃厚な味だという認識は改める必要がありそうだ。

結論＝まずくはないが、別においしくもない。

残念ながら姿形は似ていても、味までムール貝そのものというわけではなかった。

しかしもっと大量にかき集めてみそ汁の具などにすれば、まだ明るい結果になったかもしれない。

またの機会に再挑戦してみようと思う。

ちなみに中国からやってきたこの貝は、水中の配管を詰まらせるなどの害があるために駆除が求められているそうだ。漁獲対象には間違ってもならないと思われるので、地道な駆除活動が求められるだろう。

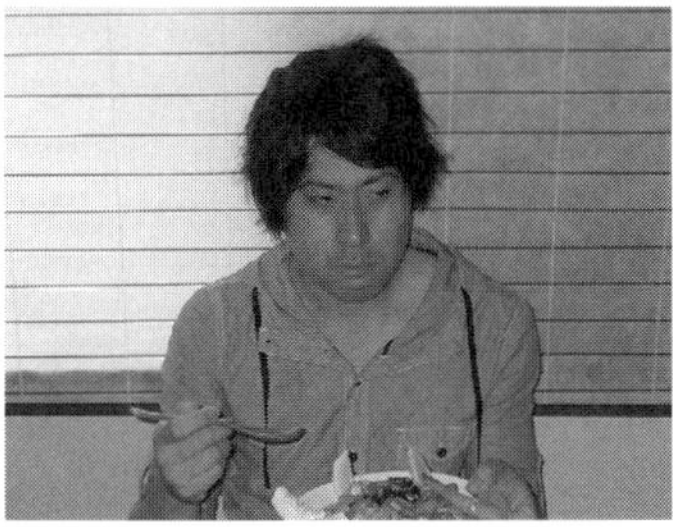
味わかんない。

世界最大のカタツムリの野趣あふれる味

本日の食材

アフリカマイマイ

学名

Achatina fulica

分類

柄眼目 アフリカマイマイ科 アフリカマイマイ属

原産地

東アフリカ

要注意外来生物

世界一、巨大なカタツムリ

世界で一番でかいカタツムリが、アボカド並みにでかい貝殻を持つカタツムリが日本にいる。そう聞くと驚く人も多いと思う。その化け物の名はアフリカマイマイ。お察しの通りアフリカ大陸からやってきた外来種である。そしてそんな熱帯地方原産のカタツムリが日本のどこにいるかというと、お察しの通り沖縄をはじめとする南西諸島である。南の島はその温暖な気候から河川や湖沼に外来魚がはびこりやすいが、陸上においても同様のことが言えるのだ。

ところで巨大カタツムリと聞いても我々のような現代日本人は全く食欲は湧かないが、意外にも日本へ持ち込まれた経緯は食用目的であるという。丈夫で、バンバン増えて、食べごたえのある巻き貝。そう聞けばなるほど魅力的な食

明け方の路上に現れたアフリカマイマイ。

沖縄本島中南部の土壌は石灰岩質。

材であるような気がする。とは言え、どうしたってこうしたって正体は巨大カタツムリ。昭和初期に持ち込まれたこの巻貝は食材として定着することなく、第二次世界大戦終戦直後の食糧難の時代が過ぎると遺棄され、野生化していった。

沖縄本島に関して言えば、もう完全な駆除は不可能だろうというほど大量に繁殖しており、悪質な農業害虫として農家に忌み嫌われている。また、アフリカマイマイは広東住血線虫《かんとんじゅうけつせんちゅう》という寄生虫の中間宿主であり、衛生害虫としても忌み嫌われている。あと、単に見た目が気持ち悪いという理由で、農業に縁のない人たちからも広く忌み嫌われている。

だがこのアフリカマイマイ、さすがカタツムリなだけあってエスカルゴの代用になるというのだ。……ということは、あんなナリでも意外とおいしいのだろうか。試してみよう。

沖縄の陸貝は個体数だけでなく種数も豊富。アオミオカタニシなど可愛らしい種類も多い。

沖縄本島中南部はカタツムリ天国

時は二〇一四年五月下旬。とある用事で沖縄本島中部を訪れたので、ついでに空き時間を使ってアフリカマイマイを捕まえることにした。そんな適当な姿勢で挑んで大丈夫なのかと思われるかもしれないが、大丈夫だ。彼らは雨で地面がぬれている日の夜に農道や林道に行けばほぼ確実に見つかるのだ。しかもこの時季の沖縄は既に梅雨入りしている。勝ったも同然だ。

そもそも、沖縄本島の中南部のカタツムリ類の種数と個体数は尋常でなく多い。主な地質が琉球石灰岩であるため、陸貝が殻を形成する石灰質をいくらでもに補給できるからだ。彼らにとっては楽園のような環境だろう。そんなわけでアフリカマイマイたちも毎晩毎晩やりたい放題酒池肉林で路上にあふれ出ているのだ。

農道で捕獲したアフリカマイマイ。これでもまだ中型。

というわけで、夕食後の腹ごなしとして、宿のそばの農道へと出向く。日中に降った雨のおかげで、アスファルトがいい具合に濡れているな……と、ライトで路上を照らした瞬間に早くも遭遇を果たしてしまった。

海産巻貝のバイのように尖った殻、暗褐色のボディ。絶対見間違えるはずがない。アフリカマイマイだ。しかも二メートル間隔で殻高一〇センチ弱の中型個体が三匹並んでいる。数もサイズもちょうどいい。よし、今夜の狩りは宿を出て五分で終了だ。

ちなみにこのアフリカマイマイの野生化、人間への影響は農作物の食害が代表的だが、生態系への影響も大きい。たとえば沖縄にはカタツムリの殻を利用するオカヤドカリという陸生のヤドカリが数種類分布している。このオカヤドカリ類がアフリカマイマイの野生化に伴って大型化しているのである。それまでは普通のカタツムリの殻に収まる程度にしか成長できなかったのが、アフリカマイマイの巨大な貝殻の大量導入によって一気に成長上限が引き上げられたためだ。オカヤドカリにとっては、もしかするとありがたい存在なのかもしれない。

さて、アフリカマイマイは「植物防疫法」によって生息している島から生きた状態では外へ持ち出せないことになっている。よって沖縄本島滞在中に処理を済ませなければならない。

具体的には空の水槽で数日間ストックしてできるだけ糞を排泄させ、冷凍することで完全に絶命させてやるのだ。

処理が済んだらいよいよ調理し、試食に臨む。まず一品目は小細工なしで味を確認したいので、シンプルに醤油のみの味付けで、つぼ焼きにしてみた。「沖縄の路上を這いまわっている

アフリカマイマイの殻を背負った大型のオカヤドカリ。石垣島にて撮影。

空の水槽内で糞を出させる。野生のカタツムリを食べる場合は、どんな餌を食べていたかがわからないので、このような下処理が必要になる。

あのでかいカタツムリだ……」という先入観さえなければ、海産の巻貝の一種としか思わないだろう。そう考えると結構おいしそうに見えるかもしれない。だが、残念ながら僕は思いっきり先入観を持っている。自分で勝手に捕まえて、自分で勝手に調理した手前でこんなことを言うのは本当に食材に失礼なことだと思う。だが、今回ばかりはさすがにちょっと思ってしまった「気持ち悪い」と。こんなことは初めてだ。

しかし、アフリカマイマイの味を知りたいという好奇心はごまかせない。気がつくと手が勝手に竹串をつかみ、大きな殻から身を取り出していた。ずるずると、思ったよりもスムーズに引きずり出される肉と内臓。その比率はおよそ半々程度。色は肉も内臓も全体的に黒く、生殖腺らしい器官だけが黄色みがかった白色を呈している。消化管内にはべっとりとした泥状の消化物が残っており、食べられそうにない。おそらく、味はともかくとして可食部は肉と生殖腺のみだろう。

それぞれの部位を切り離すと、互いが別れを惜しむようにネトネトと太い糸を引く。音を立てんばかりに。心の中で好奇心が顔をしかめているのを感じた。だが粘液くらい何だと言うのだ。ジュンサイとかなめことか、粘液を纏っていてもおいしい食材はいくらでもあるだろう。今日そのリストにアフリカマイマイの名が新たに連なるだけの話だ。

……気を取り直してまずは筋肉から恐る恐る口に放り込み、試しに三回咀嚼する。その瞬間、ぬるぬるした粘液が口の中に広がり、舌と頬にまとわりついた。納豆のようにしつこく、くどいぬめりだ。さらにほんの一刹那遅れて、初め

アフリカマイマイのつぼ焼き。

て味わうタイプの生臭さが鼻腔に張り付く。消化管を見て警戒していた泥臭さではなく、何とも形容しがたい臭いである。

噛めば噛むほどぬめりと生臭さは存在感を増していく。耐え切れずに飲み込むと小さな身震いとともに胸に何かがこみ上げそうになった。

これはちょっときついな……。と思った。だが、希望がないわけではない。肉自体はジョキッジョキッとした潔い歯ごたえで、味蕾で感知される味そのものにもクセはない。この部位に関しては、ぬめりと臭みさえ解消できればさほど抵抗なく食べられそうだ。

では、生殖腺はどうだろう。見た目はイカの生殖腺、いわゆるチチコに似ているし、ぬめりも筋肉より少ない。これは案外いけるかもしれない。噛んでみるとホクホクした食感で味は薄い。だがそれだけに例の生臭さが際立ってしま

つぼ焼きの中身。「これは食べ物だ」という自己暗示が必要だ。

い、身よりも飲み込みづらい。うーん、こちらは食材としての評価はしにくいかもしれない。どうやら沖縄で野生のアフリカマイマイを食べるにあたっては、内臓を除いた肉の部分のみを食べるのが正解らしい。

洗いまくってエスカルゴ風に

このままでは気持ちのおさまりがつかないので、なんとかもう一品それなりのものを作りたい。エスカルゴの代用になるという話だし、たっぷりのガーリックバターを詰めて焼いてやるのがいいかもしれない。

だがつぼ焼きでの経験を活かし、何とかぬめりと臭みだけは打倒したい。そのために熟考を重ねた末、思いついた案は「ひたすら水道水で洗う」であった。手順としてはまず一度軽く加熱し、殻から中身を取り外す。続いて不要な内臓を切り除け、肉のみを流水にさらしながら指先でしごき洗うのだ。これだけ力技に頼れば、きっとぬめりも臭みも退治できるだろう。

……と思っていたのだが、いざ試すとぬめりが全然取れない。とんでもなくしぶといのだ。納豆どころではない。指先がふやけてしわしわになるまで洗ったが、それでもすべて洗い落とすことはできなかった。強敵である。だが、七割程度は除去できただろう。あとはこの肉をこれまたしっかり洗浄した貝殻へ戻し、ニンニクとバター、パン粉を殻の口へ詰めてオーブンで焼くのみである。

つぼ焼きはちょっと素材の味を活かしすぎた。ならば流水洗浄とニンニクで素材の味を抑え込んだ

こいつはどうだろう。せめて食べられるレベルになっていればいいが。ニンニクとバターが焦げる香りに身を任せ、エスカルゴもどきを口に放り込む。……確かにぬめりこそしっかり残っているが、生臭さはほぼ気にならないほど軽減されている。うん、これなら眉をひそめることなく食べられる。エスカルゴの代用という話もまあ頷けそうだ。味のほうはガーリックバターが効きに効いていてなかなか悪くない。というかガーリックバターの味しかしない。目論見通り見事に素材の味を打ち消している。おかげで無難に食べられるのだ。もしかすると、ガーリックバターを詰めて焼くという調理法は、臭みの気になる野生の陸貝（エスカルゴ）をおいしく食べるうえで最も合理的なものとして発明されたのかもしれない。

また、前述の通り、広東住血線虫という寄生

アフリカマイマイのエスカルゴ風。ニンニクとバターの香りが香ばしいが……。

虫がいるリスクもあるため、取り扱いには注意が必要だ。広東住血線虫に寄生されると、場合によっては死に至ることもある。生の状態では素手で触らないこと（ぬめりもすごいので、手袋をしたほうがよい）、調理の際にはしっかり火を通すことが重要である。

……こんなに労力を注ぎ、リスクを冒してまで食べても、こんなネガティブな評価しか与えられないとは。こうしてみると、「まあ食べられるけど、わざわざ食べるもんじゃない」というのが結論なのだろうという気がする。

きっと養殖物はおいしいはず

一つ注意していただきたいのは、今回の試食レポートが「野生の個体を扱った場合」に限った話であるという点である。きちんとした環境下で養殖されたアフリカマイマイは確かに食材として流通しているし、きっとおいしいに違いない。野生個体でも処理次第で食べられたのだから、それこそエスカルゴにだって負けないかもしれない。逆に言えば、フランス料理でもてはやされるエスカルゴだって養殖物だからおいしいだけで、野生の個体は案外パッとしないのかもしれない。

あ、いつかフランスに行ったら天然物と養殖物のエスカルゴを食べ比べてみたいなあ。

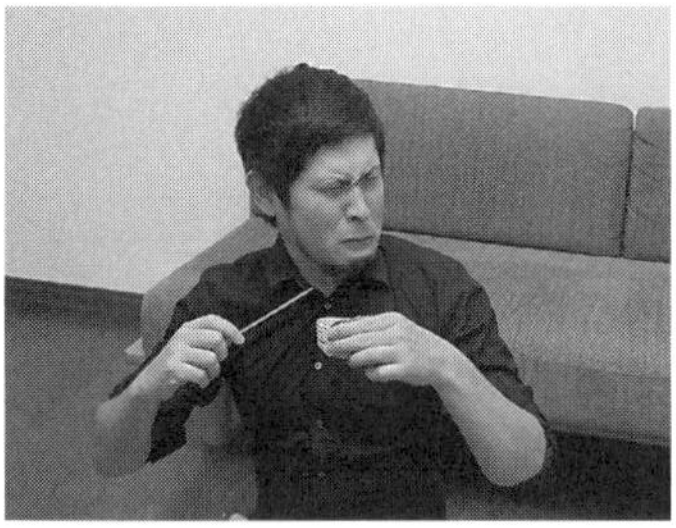

下処理なしだとちょっと厳しい……。

歩くナマズは優良食材

本日の食材

ウォーキングキャットフィッシュ

学名

Clarias batrachus

分類

ナマズ目 ヒレナマズ科 ヒレナマズ属

原産地

東南アジア、インド

要注意外来生物

歩くナマズ

本来、琉球列島にナマズの類は分布していない。ただし、外来種をカウントするならば話は別である。個体数も多く、より知名度が高いのは先の章で述べたマダラロリカリアであるが、実はもう一種、ある変わった外来ナマズが沖縄本島において細々と繁殖している。「ウォーキングキャットフィッシュ」である。名前からして異様だろう。魚のくせに歩くのか？　そう、歩くのだ。いや、正確には這うと表現するべきか。このナマズは厳しい乾季のある東南アジア原産の魚で、棲んでいる水場が干ばつにさらされて干上がると、自ら陸を這いずって別の水場へ移動するのである。非常におもしろい生態だ。しかも観賞魚として輸入されるほど、ビジュアル面においても秀でている。さらにさらに、原産地では食用に供されており、なかなか美味であるというから魅力的だ。これは獲らいでか。食わいでか。

冷え込む関東でウォーキングキャットフィッシュ捕獲へひそかに闘志を燃やし始めていた二〇一三年の二月、沖縄本島のとある川で釣り人が時折この魚を釣り上げているという情報を掴んだ。当初はわざわざ沖縄へ行くのに冬を選ぶこともない、せめて春まで待とうと思っていた。しかし、この時季は動物がことごとく冬眠している本土のフィールドに魅力を感じにくい。その点、温暖な沖縄ならウォーキングキャットフィッシュのついでに何かおもしろい生物も取材できるかもしれないと思えた。どうせ休暇の予定は空いている。そんなわけでかなり突発的だったが、僕は真冬の沖縄へと飛んだ。

寒波に負けた外来魚たち

本土の人間からすれば、暖かい沖縄の冬はえらく快適である。夜間こそ多少冷え込むが、基本的には毎日が小春日和と言った感じだ。茨城の自宅から羽田空港まで着ていたダウンジャケットの出番がない。しかし、これでも地元民は寒い寒いと言って縮み上がっているので、なんだかおかしくなってしまう。

そして、これと同じ現象は水の中でも起こっていた。溜め池やダムへ行くと、悪い意味で沖縄名物となりつつある熱帯原産外来魚たちが寒さに耐えきれず水際で大量に死んでいるのである。やはり南国の方々にはちょっとした寒さでも文字通り死ぬほど辛いのだ。

果たしてこんな惨状で東南アジア原産のウォーキングキャットフィッシュは活動してい

マダラロリカリアの死体があちこちに打ち上げられ、剥製のようになっている。

骨だけの無残な姿で釣れたウォーキングキャットフィッシュ。

るのだろうか。半ば絶望しながら川へ向かい、釣り竿を伸ばす。三時間ほど粘ったが、ティラピアがちらほら釣れるばかりで本命はいっこうに姿を見せない。

そうこうしているうちにお腹が減ってきた。飲み水も無くなりそうだ。いったん撤収して出直そうかと思ったが、ひょっとしたらこのまま仕掛けを放置しておけば、戻ってきたころにはウォーキングキャットフィッシュが釣れているかもしれない。万に一つでもそんな都合のいい展開になれば良いなと考え、釣り竿をしっかり岸辺に固定して食事をとりにその場を立ち去った。

釣れたのに釣れなかった

食事のついでに買い物などをしたせいで、思いのほか長く釣り場を離れることになってし

頭骨は特に分厚く頑丈なので、頭部はヒゲをかじられているだけでほぼ無傷。

まった。三時間ほど経っているが、釣り竿に魚は掛かっているだろうか。

あまり期待せずにリールを巻いてみると、なぜかほんのりと重い。だが、魚が暴れているような感触はない。ゴミでも引っかけたのだろうと何の気なしに仕掛けを引き上げてみて絶句した。骨だけになった魚がぶら下がっている。そして平べったい頭部とちぎれたヒゲを見て絶望した。これ、ウォーキングキャットフィッシュだ……。ウォーキングキャットフィッシュだったモノだ……。

どうやら針に掛かったまま死んでしまい、他の小魚や甲殻類に柔らかい身と内臓だけかじり取られたようだ。実を言うと、ウォーキングキャットフィッシュは鰓呼吸だけでなく、直接水面に顔を出して空気呼吸を行うことができる。このため酸欠に強く、陸上でも長時間生きていられるのだ。だからこそ先述のように水場から水場へ「ウォーキング」できるのである。魚のくせに。その反面、実は鰓呼吸があまり得意でなく、水面で息継ぎができないと充分な溶存酸素がある状況下でも溺れ死んでしまうのだ。魚のくせに。この個体が死んだのも釣り針が口に掛かったせいで水面へ浮上できず、窒息したものと思われる。この展開は予想していなかった。しくじった。

しかしあのとき食事にさえ行かなければ、いや、せめてもう少しだけ早く戻ってきていれば、生きたウォーキングキャットフィッシュを手にできていたのだ。どうしようもないこととは言え、そう思うと悔しくてやりきれない。

気を取り直してその後二日間、同じポイントへ通ったが、結局二度とは姿を見せてくれなかった。ひたすら水辺にたたずんでいた今回の沖縄旅行は、不完全燃焼のまま終わってしまったのだ。

十カ月越しのリベンジ

月日は流れて十二月下旬。僕はテレビ番組のロケで再び沖縄を訪れていた。幸いにも撮影は順調に進み、終了後には現地で丸一日の余暇ができた。となればやることは一つ。奴を探すほかにないわけである。前回の敗因は仕掛けを長時間放置したことはもちろんだが、ポイント選びにもあるのではないかと考えた。前回挑んだ水域は、そもそもターゲットの生息密度自体が低かったのではなかろうか。今回は魚影の濃い穴場を自力で開拓することにしよう。たった一日しかないのにこの選択はリスキーだが、前回と同じ場所で同じように一日待ちぼうけを食らうのはつまらない。そして、何より自力で頑張る要素が多いほど魚採りはおもしろくなる。せっかくなら精一杯楽しまなければ。

ウォーキングキャットフィッシュは水底で餌をあさるタイプの魚だが、前回のポイントは川幅が広いうえに深く、しかも水が濁っていたので、とても水底の様子を見ることはできなかった。水底を覗くことができれば相手がいるかいないか一目瞭然なので、今回は同一水系の細くて浅い流れに絞って探索を行うことにした。

ポイント探しを始めて三〇分も経たない頃、ふと覗いた川の底にニョロニョロと黄色い魚が蠢いているのが見えた。見つけた。ウォーキングキャットフィッシュだ。しかもまとまった数がいるようだ。たまたま遊歩道の脇を流れてたからなんとなく覗いただけだったのだが……。

あまりにも簡単に見つかったので拍子抜けしてしまった。しかもここはどうやらかなりの好

遊歩道脇のばっちり護岸された川にいた!

ポイントと見える。急いで捕まえよう！　と思うが網も釣り具もない。道具はポイントを探しつつ道中で購入する予定だったので、現時点ではまさかの手ぶらなのである。

けれどせっかくの大チャンスを逃す手はない。急いで友人に応援を要請すると二つ返事で必要な道具を手に駆けつけてくれることになった。これでほぼ王手だ。こっちのものだ。作戦前の腹ごしらえのため、友人と合流するなり、まずポイント近くの食堂へ向かった。

ナマズに勝つ！丼

食堂に入ってふとメニューを見ると、定食や鰻重などに混じって「ナマズカツ丼」という文字が目に飛び込んでくる。他では聞いたことのないメニューだがおもしろそうではある。「ナマズに勝つ！」ということでゲン担ぎに注文し

これが「ナマズカツ丼」。このお店のオリジナルメニューらしい。

てみようではないか。

ほどなくして運ばれてきた盆の上には確かにカツ丼が乗っていた。だが、つゆの染みたカツを箸で一切れ持ち上げると、その断面は明らかに白身魚のそれである。食欲と同時に好奇心にも突き動かされ、ナマズのカツを口へと運ぶ。味付けは紛れもなくごく一般的なカツ丼だが、肝心のナマズの食感がふわっと軽く新鮮な印象である。臭みも一切なく、たいへんおいしい。魚とカツ丼って意外と合うものなんだなと感心させられた。お店の方に話を聞くと、このナマズは北海道で養殖しているというものだということがわかった。しかし、種名まではあきらかにできなかった。マナマズよりはチャネルキャットフィッシュに近い印象だったが、実際はどうなのだろうか。

おいしい!　ちなみに、この日はクリスマス・イブ。

さあ、腹が満ちたらいよいよ狩りの時間だ。と勇んで店を出ると外は土砂降りだった。真っ青になってポイントへ行ってみると、あんなに穏やかだった川は鉄砲水のように濁った激流と化していた。とても魚を採れるような状況ではない。そして明日の昼には沖縄を発たなければならない。ウォーキングキャットフィッシュ相手に二連敗が確定した瞬間である。ナマズに勝つ！　とか言っていた三〇分前の僕は何だったのか。

二度とも相手にチェックメイトをかけておきながらの敗走。悔しい。これはあまりに悔しい。悔しすぎたので自宅へ帰るなり早速沖縄行きのチケットを手配した。ちょうど一カ月後、その日が貴様の命日となるのだウォーキングキャットフィッシュよ。いや、別に彼らを恨んでいるわけではないのだが、何度も取り逃がしている魚というのはいつの間にか自分の中で因縁深い宿敵のような存在になってくるのである。魚にとっては迷惑な話だが。

三度目の正直！

一カ月後、予定通り僕はあの川辺に立っていた。手には釣り竿と……サンマの切り身を持って。今まで東西あちらこちらの川でいろいろな外来生物を釣ってきたが、そのたびにこのサンマやサバといった青魚に助けられてきた。チャネルキャットフィッシュもカミツキガメもタウナギもアリゲーターガーも……みんな青魚で仕

ようやく釣れたマーブル個体（左）とアルビノ個体。

留めた。入手が容易で、かつ臭いと脂が強いので、釣り餌にもってこいなのだ。青魚は、もはや僕にとって頼れる相棒のような存在となっている。さて、細かく刻んだサンマを小ぶりな釣り針に刺し、ウォーキングキャットフィッシュの這う川底へと送り込む。身を潜めて待つこと数分。竿先がバタバタと揺れ始めた！　ついに決着の時が来たのだ。ここまで長かった！

まず釣れたのは白黒の牛のようなマーブル模様を纏ったウォーキングキャットフィッシュだった。ところどころ黄色みが強い部分もあり、とにかくインパクトのある体色である。背後を通りすがった親子連れが「おっ、あのお兄ちゃんコイ釣ってるぞ！」と言っている。どうやら遠目には錦鯉に見えたらしい。無理もない。「ナマズですよ」と教えると親子で目を丸くしていた。沖縄県民にとってもティラピアやマダラロリカリアほど馴染みのある外来魚ではないのだ。

続いて全身が黄色い個体も釣れた。アルビノ個体であろう。こんな体色をしているものだから、水底に潜んでいても非常に目立つ。ところで、ウォーキングキャットフィッシュは本来暗褐色の地味な魚である。ならばこういったマーブルやアルビノの個体はイレギュラーな存在ということになるのだが、沖縄にはこれらの変異個体しか生息していない。最初に釣れた骨だけの個体も、わずかに残った表皮にはマーブル模様が見られた。

こんな事態が起きている理由はこの魚の導入の経緯にある。こうした変異個体は見た目のおもしろさから人為的に固定され「マーブルクララ」「アルビノクララ」として、過去大量に観賞魚市場に出回った。それらが飼い主に遺棄されるなどして温暖な沖縄で野生化した結果が、このありさまなのである。

黄色みの強いマーブル個体。

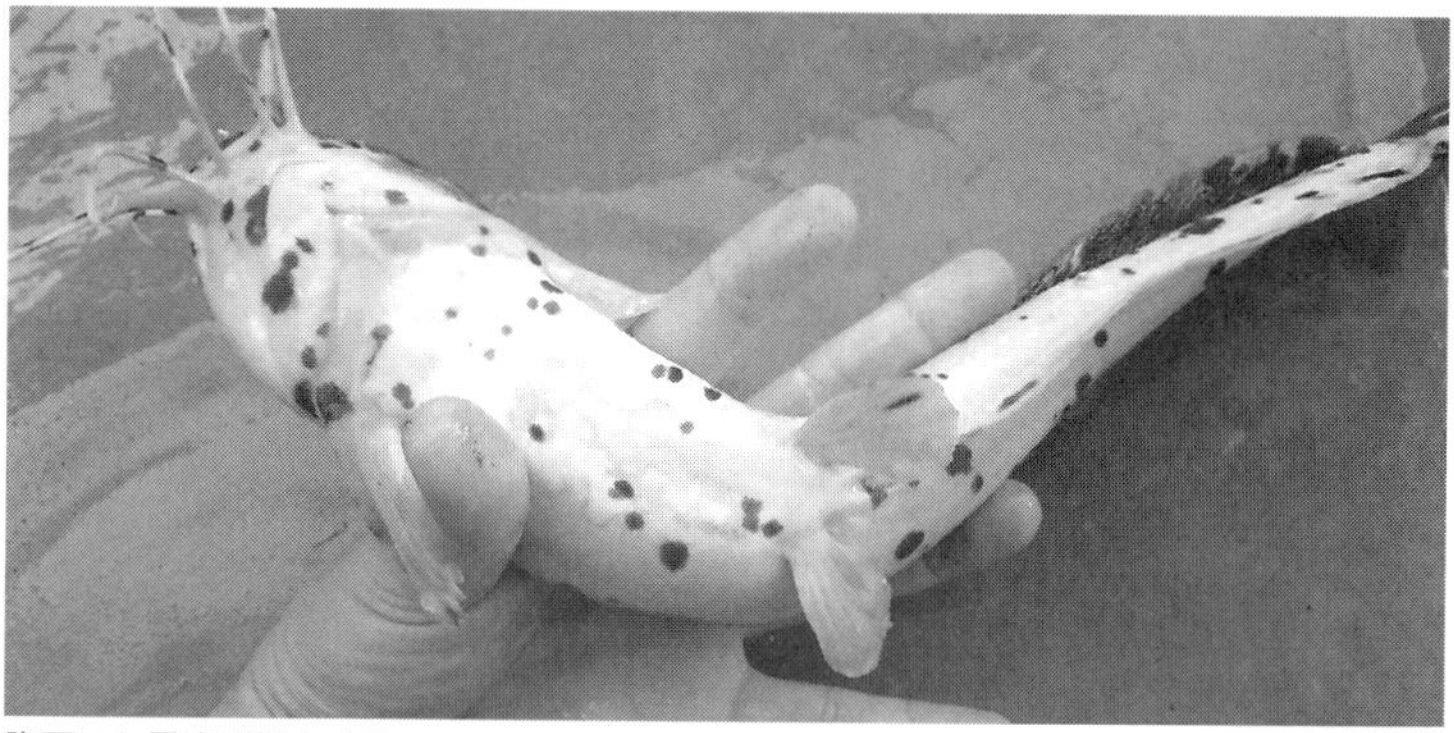

腹面にも黒班が散在する。

全身が黄一色の美しいアルビノ個体。

なかなか愛嬌のある顔をしている。

ウォーキングキャットフィッシュ類は東南アジアでは一般的な食材。バンコクにて。

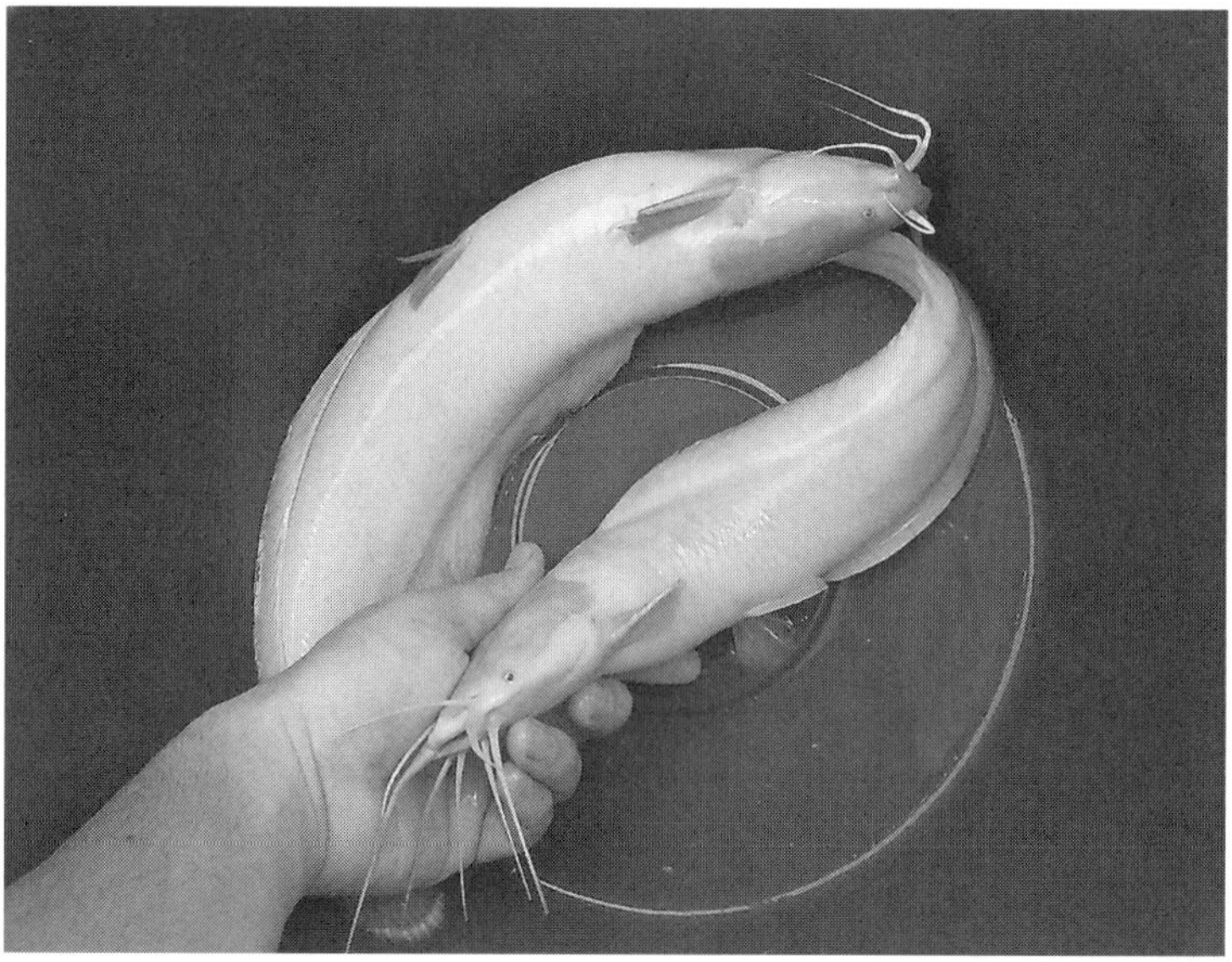

桶や睡蓮鉢で蓄養して泥を抜く。しっかりと蓋をしておかないとすぐに這い出してしまう。

ありがちなパターンといえる。

「胸鰭に毒がある」説は真実か？

目当てのウォーキングキャットフィッシュを数匹確保し、友人宅へ乗り込む。水底の泥を食むタイプの魚らしいので沖縄に滞在する間、泥抜きついでに預かってもらうのだ。二つ返事で快諾してくれたが、彼の留守中に桶の蓋を押しのけて脱走し、マンションの廊下で「ウォーキング」を披露して、事情を知らぬ奥さんとそのお母さんの度胆を抜いたらしい。申し訳ないことをした。

数日間にわたる泥抜きを終えると、いよいよ包丁を入れる時だ。が、その前に一つ確認しておきたいことがある。本種を含むヒレナマズ類の胸鰭には硬く鋭い棘があるのだが、なんとこの棘が毒針になっているという噂を聞いたこと

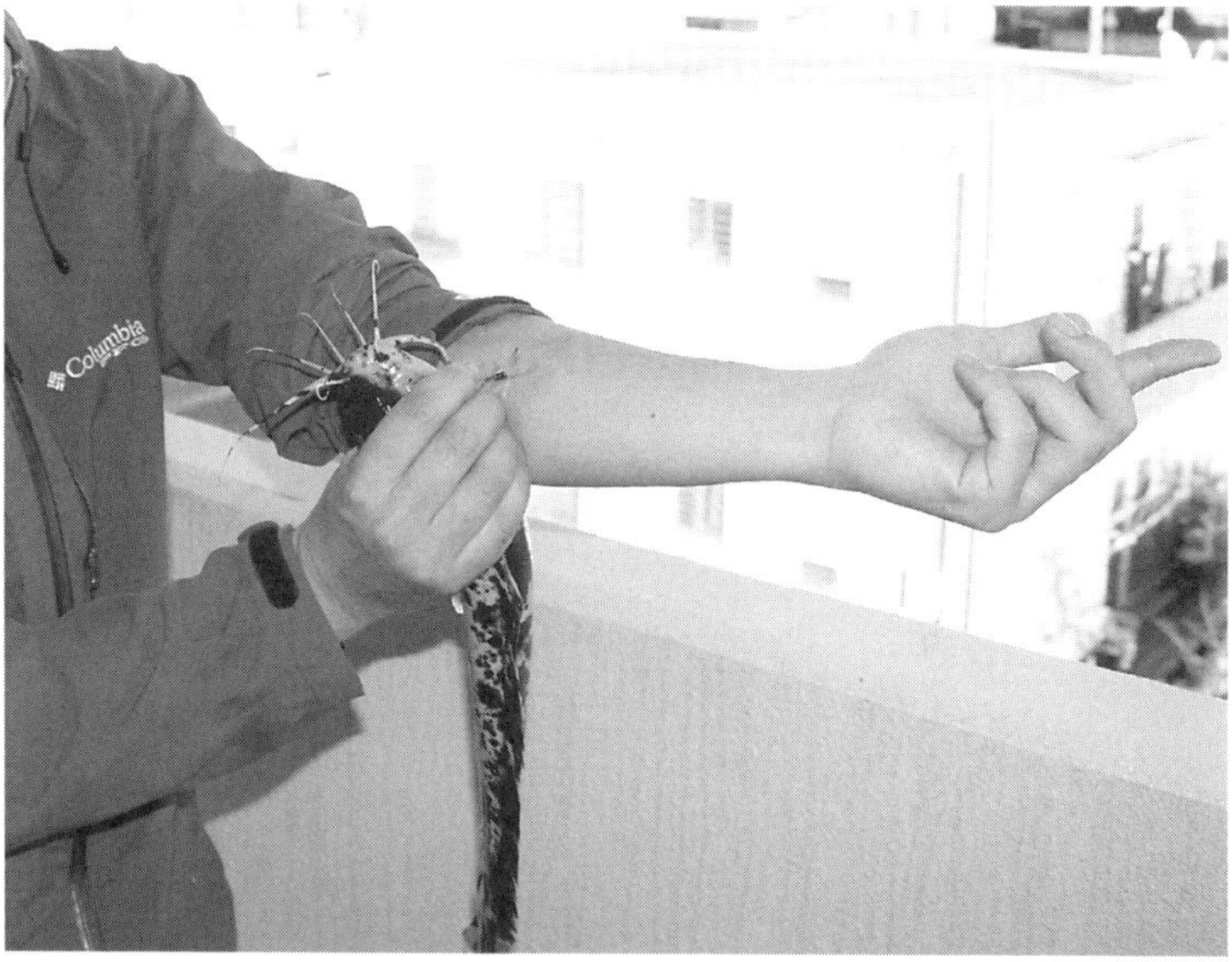

噂に聞いていたような刺毒の心配はなさそうだ。

があったのだ。うっかりこれに刺されるとハチに刺されたような症状が出るという。だが、実際に刺された人には未だ出会ったことがない。

事の真偽を確かめるべく生きたウォーキングキャットフィッシュをつかみ、腕に胸鰭を押し当てる。当然棘が刺さるわけだから多少は痛いが、特に毒の影響は感じられない。木の枝でも刺さったような感じだ。その後も調理の際などに複数の個体から事故でバシバシ刺されまくったが、特に問題なかった。どうやらこの種に関しては無毒だと断言してよさそうだ。

身がオレンジ色!?

さて、気が済んだのでいよいよ調理に移る。なお、さばく際は頭部を金づちで叩くなどして事前に締めておかないと、まな板の上で突然暴れだして非常に危ないので注意したい。

包丁を入れるとすぐに違和感を覚える。身の色が変なのだ。個体差はあるが妙に赤みが強く、極端な個体ではマスを想起させるオレンジ色に染まっている。身が赤黒いタウナギにも驚いたが、これも負けず劣らず印象的だ。

また、いったん冷凍してしまうと体表から黄色みがかった部分が粘液状に剥がれ落ちて白くなってしまうことも分かった。全身黄色の個体に至ってはさながら幽霊のような姿になってしまった。

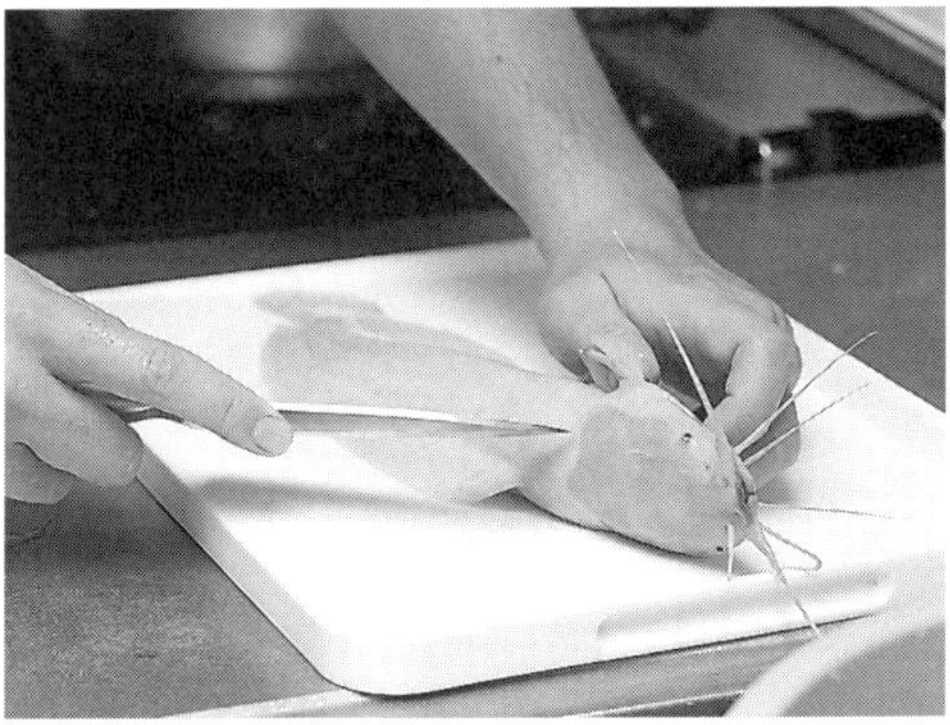

きちんと締めてから取り掛かろう。

身は橙色がかっている。

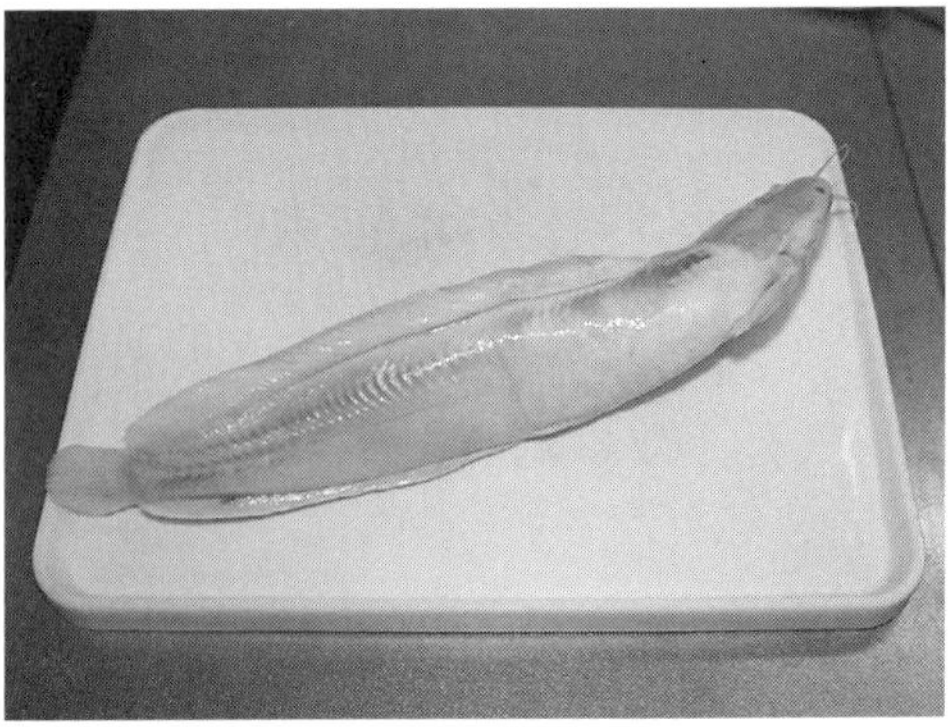

冷凍すると黄色い色素が剥げ落ちて幽霊のよう。

思い出のあの味を作ろう

そして取れた身をどうするかだが、ここは原産地に倣うことにした。インターネットやエスニック料理に詳しい知人を頼って調べたところ、原産地である東南アジアでは揚げ物や蒲焼きのような料理にして食べられているらしい。よし、その二つを作ってみよう。まずは、揚げ物……。そうだ。アレを作ってみようではないか。ナマズのカツ丼を！

……原産国に倣うと言いつつ一気に和食になってしまったが、まあこのくらいの脱線はご愛嬌だろう。作り方は普通のカツ丼と同じく皮を剥いだ身に衣をつけて揚げ、卵でとじてご飯の上に盛るだけだ。あの食堂で食べたナマズカツ丼とどちらがおいしいだろう。楽しみだ。

衣をまとわせ、卵でとじているので見た目は

ウォーキングキャットフィッシュカツ丼。

完全にカツ丼だ。ところがカツを一切れ摘み上げるとやはりおかしい。加熱してもなお断面がほんのり黄色いのだ。一抹の不安を覚えながら口に運び噛みしめると、確かな歯ごたえに続いて濃い旨みを感じられる。さばいている時から感じていたが、この魚は川魚にしては脂の乗りが非常に良い。食感はジューシーで鰻をもう少ししっかりさせたような印象か。食堂で食べたさっぱりしたナマズとは明らかに違う。しかし味が濃く、それでいて臭みはなく、とてもおいしい。これは今までに食べた外来魚の中でも上位に食い込む優良食材かもしれない。丼一杯ペロリと完食してしまった。

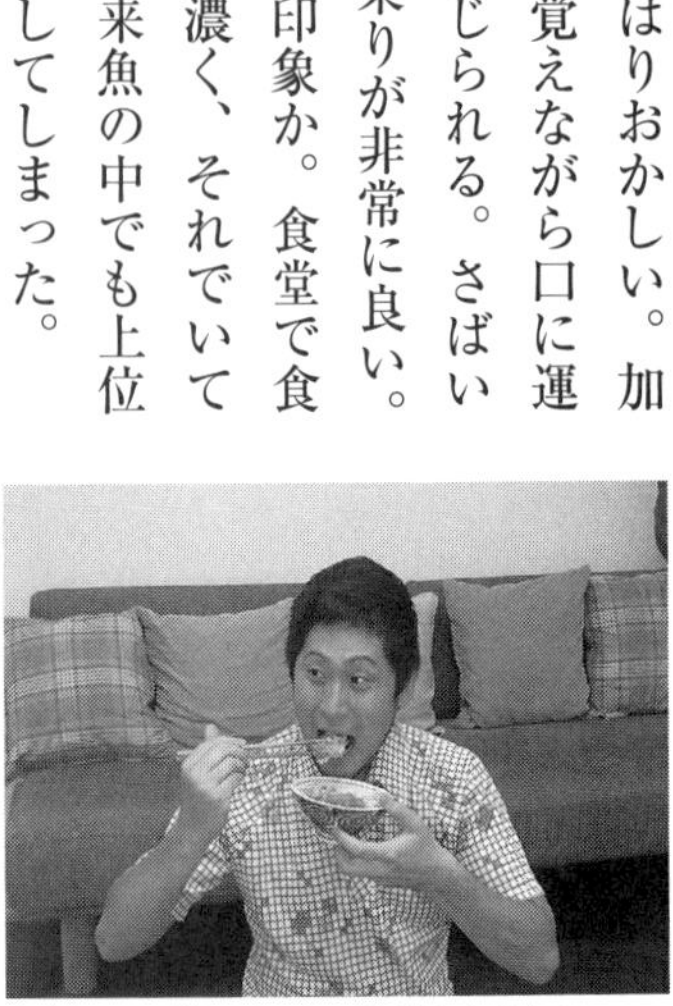
意外なほどおいしく、箸が止まらない。

蒲焼きにしてもよし

さあ、揚げ物の次は蒲焼きだ。とはいっても僕は東南アジア式の蒲焼きのレシピなど知らない。だが食べたことのある知人が言うには、味付けは醤油（あるいは魚醤）ベースで甘辛く、日本の蒲焼きと似ているらしい。ならそのまま日本式で作ってもおいしく仕上がるかもしれない。試してみると、確かに見た目はおいしそうに仕上がった。ちょうど食通に珍重されるマナマズの蒲焼きに似ている。裏面に張り付いている皮が牛柄である点を除けばだが。

しかし、外来魚を食すにあたって、蒲焼きという調理法にはあまり良い思い出がない。チャネルキャットフィッシュ、カムルチー、タウナギとこれまでいろいろな外来魚を蒲焼きにしてきたが、い

ウォーキングキャットフィッシュの蒲焼き。

美味しく食べるコツはダルメシアンみたいなまだら模様を見ないことだ。

ずれもいまいちパッとしなかった。今回もまたダメなのではないだろうか。いや、きっと今度こそ大丈夫だ。なんせ原産国でそうやって食べられているというお墨付きがあるのだから。まあなんにせよ、カツ丼があれだけおいしかったのだから、間違っても不味くはないだろうと箸をつける。

……おいしい。脂はしっかり乗っているのだがウナギほどしつこくない。マナマズの蒲焼きを少しこってりさせた感じだろうか。マナマズを連想したのはおそらく皮のためだろう。白黒牛柄の皮にはマナマズのそれに近い香りが多少ある。皮の匂いと聞くと、うっかりするとマイナス要素になりそうだが、ここではそれがかえって川魚らしい素朴な味わいを演出しているように感じられる。臭みと風味は紙一重であるということを、今更ながらこのウォーキングキャットフィッシュから学ぶことができた。

しかし、こんなに蒲焼きに合う外来魚はこれが初めてだ。やはり蒲焼きにするうえで重要なのは、脂の乗りと豊かな風味なのだと改めて思い知った。

エスニックのプロに頼む

今回作ったカツ丼と蒲焼き。どちらも原産地流の料理に着想を得たものではあるが、紛れもない日本料理である。両方おいしかったから何の問題もないのだが、せっかくなら東南アジアの料理に明るいプロの手腕にかかった一皿も食べてみたい。となれば、カミツキガメやモザンビークティラピアの調理でもお世話になった「青島食堂《チンタオ》」の比嘉さんにお願いするしかあるまい。

「青島食堂」の店主比嘉さん。変わった食材を料理するのがお好き。

ウォーキングキャットフィッシュのミャンマー風カレー。

比嘉さんもこの手の魚は現地で食べてきたようで、鮮やかな手つきで流れるように調理していく。一度油で揚げてから香辛料を加え、野菜と炒め合わせるとミャンマー風カレーのでき上がりだ。香りは高く味付けも濃い目だが、辛さはマイルドで食べやすい。ウォーキングキャットフィッシュは身肉そのものの味が強く、香辛料に押し負けることがない。そのため、特にこの手のエスニック料理に向いているようである。さすがにその道のプロがその道の食材を使うと一味違うものだ。抜群においしく、同席の友人らと取り合いながら、あっという間に平らげてしまった。

お見事でございました。

見た目に反しておいしい食材でした。

あとがき

本書は、外来魚を求めて日本各地に出向き、捕ってさばいて食ってしまおう、という本である。では、なぜ捕獲対象が外来魚なのか、と不思議に思った読者の方も多いだろう。

外来種問題が世を騒がせて久しい。外来種とは、もともとその地域にいなかったが、人間の活動によって他の地域から入ってきた生物のことを指す。外来種は生態系および人の健康や生命、経済活動などに悪影響を及ぼす場合がある。外来種の侵入は生物多様性を脅かす四大要因のうちの一つとされ、外来種問題は今や世界的な環境問題となっている。我が国でも外来種対策は急務となり、二〇〇五年には「特定外来生物による生態系等に係る被害の防止に関する法律」、通称「外来生物法」が施行されるに至った。これにより「特定外来生物」に指定された生物は、無許可での飼育や栽培、保管、持ち運びや輸入が禁じられることとなった。

こうした外来種問題の詳細については先人らによって優れた書物がすでにいくつも記されている。よってそれについては書店か図書館にでも出向いて読んでいただくとして、ここでは私の身の上話を交えつつ、私が外来種を捕食し始めた理由、そして本書が世に出るに至った経緯についてお話しさせていただきたい。

両親らが語るところによると、私は物心も付くか付かぬかという頃から生物に対して異様な関心を寄せていたそうだ。そんな幼少の私にとって、古書店を営む父が与えてくれる古今の図鑑や写真集といった生物に関する書物は、何よりのエンターテインメントであった。

野球小僧がプロ野球選手に憧れを抱くように、いつしか私の志す「将来の夢」は「読む人を楽しませる生き物の本を書くこと」になっていた。そして、愛読していた書籍群の著者プロフィールを見て「生き物の本を書く人＝生物学者」という固定概念を得てしまった私は、生物学者を目指すべく琉球大学に進学する。数ある大学の中から南の端に位置する琉球大学を選んだのは、多様性に富む熱帯の生物に執心していたからである。

だが、そこで重大なことに気がつく。別に研究職に就かずとも本くらい書いていいのではないか。むしろ、エンターテインメント性に重きを置く本ならば、そういうお堅い立場にはないほうが自由に書けるのではないか。実際、改めて自然科学本の売り場を見渡せばさまざまな職業、経歴の人々が生き物の本を書いているではないか。なんということだ。私の大学での勉学・研究の日々は全くの無駄であったのだ！

……というわけでは当然なかった。沖縄での生活は私に大幅な知識の増加と意識の変化をもたらしてくれた。たとえば、私は魚類を扱う研究室で沖縄産淡水魚の研究を行っていたが、その研究を通じて、南西諸島の河川には目を疑うほど多種の外来魚が驚異的な密度で棲み着いていることを知った。衝撃であった。

同時に、オオクチバスやセアカゴケグモの侵入・定着が社会問題になる中で、なぜこうした限られた種だけがクローズアップされ、その他の外来種の実態が周知されていないのかを不思議に思った。

そして、その理由の一つは、外来種問題を扱う既存の書籍の偏りにあるのかもしれないとも。確かにその手の本には良書が多いが、題材ゆえにいずれも専門性あるいは教育性が強く、生物への素養のない人々にはとっつきにくい印象を受けたのだ。そうした経緯から、いずれライターとして書を世に出せる立場になった暁には、必ずや「誰もが気軽に読める、楽しい外来種本を作ろう」と、心に決めるに至った。当時はまさか、初の著書が、まさにその外来種本になろうとは思ってもみなかったが。

大学卒業後は文筆業には多様な視点が必要であろうと筑波大学大学院に進学し、人間の活動と生物との関わりについて学んだ。そして学業の傍ら、文章を発表する場を求めてニフティ株式会社の運営するウェブサイト「デイリーポータルZ」に原稿を持ち込んだところ、ウェブマスターである林雄司氏から採用のお返事をいただいた。二〇一一年三月よりウェブ連載を開始し、その後、担当編集者として古賀及子氏と出会うこととなる。ずぶの素人である私に執筆の機会を与えてくださった林、古賀両氏をはじめとするデイリーポータルZ編集部の方々にはただただ感謝するばかりである。

デイリーポータルZ上で書く記事の内容は、一般には馴染みの薄い珍生物を紹介する、あるいは生物に関する疑問を実験で検証するといったものが多かった。その中で連載を開始して間もない頃に、「嫌われ者の魚が美味しい」と題してオオクチバス、ブルーギル、チャネルキャットフィッシュを釣って試食する記事を掲載していただいた。

当時、外来種の生息地を訪ねてその実態を観察することは、すでに私のライフワークとなっていた。さらに、もともと私には外来種に限らず珍しい生物を捕まえて食べるという悪癖もとい趣味があった。

これは「生物を深く知るには五感を最大限に使うべし」という個人的な信念に基づくものである。

五感で生物を知るとはどういうことか。ある生物を知るにあたっては書物等で生態について学ぶのも大切だが、それだけではあくまで基本情報しか得られない。動物園や水族館、あるいは映像でその外見を眺めるだけでも多くのことを学べるが、やはりそれだけでは不十分である。視るだけでなく、生きている個体に触れて、聴いて、嗅いで、味わって、ようやくその生物の本質を知ることができると私は考えているのだ。

その点、「捕って食べる」となると、対象を捕獲するためには事前にその生態を机の上で勉強しておかねばならないし、そのうえ捕獲時にはそのものに触れ、鳴き声や呼吸音を聴くことができる。さばく過程においてはその生物の内部構造すらつぶさに観察でき、試食の段階では鼻と舌を使う。まさに五感をフル回転である。

だが、件の記事は自身の関心と趣向だけで構成された、かなり独りよがりなものであるとも言えた（その他の記事も似たようなものだが）。よって、どの程度の評価を得られるのか当初は見当もつかなかった。それが蓋を開けてみると、意外にも好評を博していたのだ。これに限らず、「生物を捕って食べる」記事は反響が大きくなるようだった。

どうやら生物や環境問題に関心の薄い一部の読者方も、原初的欲求の発露たる「狩猟採集」と「食」を絡めると、ついつい興味をそそられてしまうらしかった。捕らえて、さばいて、食べるだけ。これならあまり専門的にも説教臭くもならない。むしろ、ある種のエンターテイメントにすらなり得る。

それでも国内のフィールドにおける外来種の実態を垣間見せることは、読者方が自発的に外来種問題について考えるきっかけになるかもしれない。私にしてみれば自分が心から好きなことをして、文章に起こすだけである。こんなに素晴らしいことは無いと思えた。こうして、ウェブ媒体にて外来種を扱う上で、「捕って食べる」という一つのスタイルができあがっていった。

そして外来種を食べる記事がデイリーポータルZ上に十本近く掲載された頃、地人書館の塩坂比奈子氏より「これらの記事を書籍としてまとめてみないか」という突然の打診を受けた。彼女が編集を手掛けた『外来種ハンドブック』は大学時代の恩師に薦められて以来、常に本棚の一番手が届きやすい位置にスタンバイしている愛読参考書である。縁というのは不思議なものだと驚きながら、是非にと即答したのを覚えている。さらに単行本化にあたっては、「アフリカマイマイ」と「ウォーキングキャットフィッシュ」の二本を書き下ろして加えた。かくして本書は出版されるに至ったわけである。

この期に及んでついゴチャゴチャと語ってしまったが、とりあえずは何も考えず気軽に楽しんでいただけたなら本望である。暇つぶしの供として、笑って読んでもらえる本を作りたかったのだから。

ちなみに、今後は引き続き外来生物の実態を探っていくのはもちろんだが、深海生物をはじめとするその他の珍生物の捕獲にもより一層力を入れていく所存である。もちろんそれらの顛末についても、いずれ何かしらの媒体で公開したいと考えている。世界中を飛び回れる旅費と、よく切れる包丁を用意しておかなくては。

二〇一四年八月　平坂　寛

索引

著者紹介

平坂　寛（ひらさか・ひろし）

1985 年、長崎県長崎市生まれ。
2009 年、琉球大学理学部海洋自然科学科卒業。
2013 年、筑波大学大学院生命環境科学研究科環境科学専攻博士前期課程修了。

幼少時代から昆虫や小動物に強い興味を持ち、それらの観察や自然科学系図書の閲読を最大の楽しみとしていた。高校卒業後は熱帯地方の多様な生物への憧れから、琉球大学へ進学。趣味と研究の両面から沖縄の生物を追いかける中で多種の外来魚に遭遇し、外来生物問題にも関心を寄せるようになる。

大学院では深海魚を対象とした遊漁について研究。生物と人間の関わりを社会学的なアプローチから捉える手法を学ぶ。大学院在学中の 2011 年よりニフティ株式会社が運営するウェブサイト「デイリーポータル Z」などで執筆活動を開始。「生き物は面白い」ということを多くの人に伝え、生物について深く学ぶきっかけとなるような文章を書くことを理念としている。

著書に、『深海魚のレシピ―釣って、拾って、食ってみた』（地人書館）、『喰ったらヤバいいきもの』（主婦と生活社）がある。TBS 系列『情熱大陸』、関西テレビ・フジテレビ系列『有吉弘行のダレトク!?』、読売テレビ『朝生ワイド す・またん!』等に出演、テレビ番組でも活躍中。

趣味はまだ見ぬ生物を求めての旅行、および出会った生物に五感を使って親しむこと。

外来魚のレシピ
捕って、さばいて、食ってみた

2014年 9月10日 初版第1刷
2018年10月 1日 初版第3刷

著　者　平坂　寛
発行者　上條　宰
発行所　株式会社 地人書館
〒162-0835　東京都新宿区中町15
電話 03-3235-4422
FAX 03-3235-8984
郵便振替 00160-6-1532
URL　http://www.chijinshokan.co.jp/
e-mail　chijinshokan@nifty.com
編集制作　石田　智
印刷所　モリモト印刷
製本所　カナメブックス

ISBN978-4-8052-0879-3 C0045

●好評既刊

深海魚のレシピ
釣って、拾って、食ってみた

平坂寛 著

四六判／192頁／本体2000円（税別）

深海魚はテレビの画面か図鑑でしか眺めることができないもの，手が届かないものと思い込んでいないか？ましてや，食べるなんて無理無理．そんなことはない．道具を用意し場所を選べば，深海魚を釣ることも可能だ．また，スーパーで普通に売られ，すでに貴方も食べている！ 東京湾で深海鮫が釣れる？ 海岸で深海魚が拾える？ 超美味だが5切れ以上食べたらお腹を壊す魚のフルコースに挑戦！ 回転寿司のネタ⁉と言われるあの巨大魚を解体しマグロと食べ比べ，等々，珍生物ハンター平坂寛の捕って食べるルポ第二弾．コラムでは，深海魚の定義や，深海魚の目はなぜ綺麗？ なぜ口が大きいなど，蘊蓄も満載．

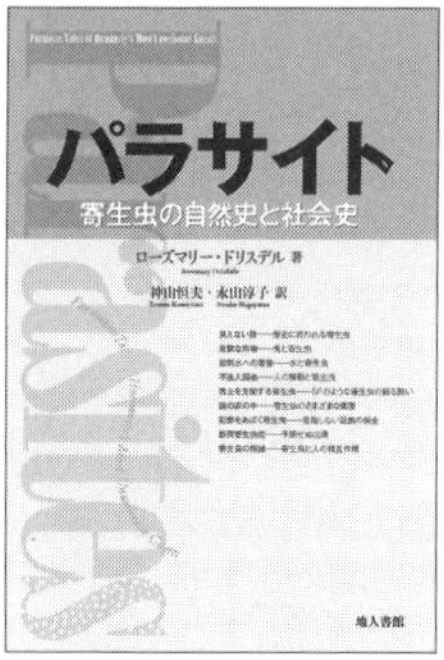

パラサイト
寄生虫の自然史と社会史

ローズマリー・ドリスデル 著
神山恒夫・永山淳子 訳
四六判／三七六頁／本体二六〇〇円（税別）

寄生虫（パラサイト）は，有史以前から人類とともにあった．本書は，主に人に寄生する寄生虫について，そのありとあらゆる側面―種類，歴史的背景，危険性，感染経路，宿主となる他の動物，環境との関連，各国の事情，寄生虫の持つ意外な性質，寄生虫の利用，撲滅の試みなど―について，エピソードとともに記述．

鮭鱸鱈鮪　食べる魚の未来
最後に残った天然食料資源と養殖漁業への提言

ポール・グリーンバーグ 著／夏野徹也 訳
四六判／三五二頁／本体二四〇〇円（税別）

魚はいつまで食べられるのだろうか……？ 漁業資源枯渇の時代に到り，資源保護と養殖の現状を知るべく著者は世界を駆け回り，そこで巨大産業の破壊的漁獲と戦う人や，さまざまな工夫と努力を重ねた養殖家たちにインタビューを試みた．単なる禁漁と養殖だけが，持続可能な魚資源のための解決策ではないと著者は言う．

●ご注文は全国の書店、あるいは直接小社まで

㈱地人書館　〒162-0835 東京都新宿区中町15　TEL 03-3235-4422　FAX 03-3235-8984
E-mail=chijinshokan@nifty.com　URL=http://www.chijinshokan.co.jp